插图本中国建筑雕塑史丛书

明代建筑雕塑史

史仲文——丛书主编
宋建林——主编

上海科学技术文献出版社
Shanghai Scientific and Technological Literature Press

图书在版编目（CIP）数据

明代建筑雕塑史 / 史仲文主编 . —上海：上海科学技术文献出版社 ,2022
（插图本中国建筑雕塑史丛书）
ISBN 978-7-5439-8425-7

Ⅰ . ①明… Ⅱ . ①史… Ⅲ . ①古建筑—装饰雕塑—雕塑史—中国—明代 Ⅳ . ① TU-852

中国版本图书馆 CIP 数据核字 (2021) 第 181489 号

策划编辑：张 树
责任编辑：付婷婷 张亚妮
封面设计：留白文化

明代建筑雕塑史
MINGDAI JIANZHU DIAOSUSHI
史仲文 丛书主编 宋建林 主编
出版发行：上海科学技术文献出版社
地 址：上海市长乐路 746 号
邮政编码：200040
经 销：全国新华书店
印 刷：商务印书馆上海印刷有限公司
开 本：720mm×1000mm 1/16
印 张：15.5
字 数：230 000
版 次：2022 年 1 月第 1 版 2022 年 1 月第 1 次印刷
书 号：ISBN 978-7-5439-8425-7
定 价：98.00 元
http://www.sstlp.com

CONTENTS

目录

明代建筑雕塑史

明代建筑雕塑史

MING DAI JIAN ZHU DIAO SU SHI

宋建林

第一章

>>>

概 述

第一节 建筑雕塑的发展概况

>>>

14 世纪中叶，风起云涌的农民大起义推翻了元朝蒙古贵族的政权。1368 年，朱元璋在应天（今南京）登基，建立明朝。1399 年，燕王朱棣发动“靖难之变”，经过 4 年的战争，终于用武力夺取政权。明中叶以后，由于帝王昏聩，吏治腐败，宦官专权，社会矛盾日益尖锐，农民赋税繁重，苦不堪言，终于导致声势浩大的明末农民大起义。崇祯十七年（1644），李自成率领百万大军进逼北京，明思宗朱由检在煤山自缢身亡，统治中国 276 年的明王朝土崩瓦解。同年，满族贵族夺取农民起义的胜利果实，建立了清朝。

明初，明太祖朱元璋为巩固新生的政权，大力提倡儒家的伦理道德和封建礼制，恢复汉、唐之风，以显示与“胡元之旧”的隔绝。定都南京后，朱元璋亲自主持规模宏大的南京城改建工程，同时建临濠（今安徽凤阳）为中都，“如京师之制”营建城垣、宫殿及陵墓。明成祖朱棣迁都北京后，在元大都城的基础上，大规模扩建北京城和建造紫禁城。这些规模宏大的皇城与宫殿建筑，从整体布局到单体建筑形象的设计，均在遵循封建礼制的基础上，服务于表现帝王至高无上的权力这一根本目的。在营建北京宫殿的同时，明朝还建立一套完备的坛庙体制，按天南、地北、日东、月西的古训建北京天坛、地坛、日坛、月坛，尤以天坛建筑群最具民族艺术特色。

明代帝陵在中国陵墓建筑史上写下光辉灿烂的一页。明初，明太祖派官员审视历代帝陵后，相继建造凤阳皇陵、南京孝陵和泗州祖陵，形成明陵定制。在北京昌平天寿山形成的明十三陵，是中国现存规模最为宏大的一处帝王陵墓群。明陵的建筑布局、宝顶形式及石像生配置等方

南京明孝陵

面，均在继承唐、宋帝陵体制的基础上有所发展和创新。明初的陵墓雕塑，气势宏伟，造型古朴，生动传神，仍不失唐、宋陵墓石雕之遗风。然而，十三陵的陵墓雕塑虽精雕细琢，形态逼真，但华而不实，缺乏唐、宋陵石雕的气质和宏伟气魄。

明朝迁都北京后，为防御北方蒙古族的侵扰，在北方沿边设置9个军事重镇，修筑边防城堡，并陆续完成万里长城的巨大工程。为防御沿海倭寇骚扰，明朝在实行严格海禁的同时，在沿海修建许多海防卫所，如山东蓬莱水城。至明代，中国古代沿用数千年的夯土城已基本被砖城取代。由于制砖手工业的发展，各地城墙大都用砖石包砌，许多城市还建有高大的城门楼。

明初，由于明太祖明令戒奢靡之风，士民生活受到封建礼制的严格限制，不敢越雷池一步。例如官吏服制均有严格规定，衣服、帐幔等不许用玄、黄、紫三色，不许织绣龙凤纹。百官宅第亦有严格限制，不许于宅前后左右多占地，构亭馆，开池塘。①庶民厅房严禁超过3间。甚至连宫室的壁画都被涂掉，换上圣贤语录，难怪明太祖得意地说："前代宫室多施绘画，予用此备朝夕观览，岂不愈于丹青乎？"②随着社会经济的恢复，特别是商品经济的发展，市民阶层的兴起和壮大，明中期以后，在越出封建礼制的王学左派的推动下，掀起一股声势壮观的思想解放思潮。这股向封建礼制挑战的思想文化潮流，引起社会风尚的深刻变化。从达官贵族、缙绅士大夫到市民阶层，一反明初"非世家不架高堂，衣饰器皿不敢奢侈"③的节俭风尚，普遍追求豪华的物质享受，奢靡之风日渐兴盛。这种靡然向奢的社会风尚，如洪水猛兽冲击着封建礼制对衣食住行的严格规定。如江南城镇越礼逾制的住房十分普遍，"江南富翁，一命未沾，辄大为营建，五间七间，九架十架，尤为常耳，曾不以越分为愧。"④

① 《明史·舆服志》。
② 成复旺等《中国文学理论史》（三），北京出版社，1987年版，第3页。
③ 《吴江县志》卷三十八。
④ 转引自冯天瑜等《中华文化史》，上海人民出版社1990年版，第774页。

自明中期起形成的造园高潮，正是在此社会背景下出现的。北京、南京、苏州、上海等地私家园林的数量和规模，都远远超过前代。特别是江南私家园林，以其精湛的造园技巧，浓郁的诗情画意和精美雅致的艺术格调，把中国古典园林推向更高的艺术境界。明末出现的造园专著《园冶》《长物志》，对江南造园艺术实践从理论上进行总结，有重要的美学价值。

第二节

建筑雕塑的艺术成就

>>>

中国古代建筑雕塑艺术发展至唐、宋时期，已基本形成完备的形态体系，进入高度成熟期。明代以后，建筑与雕塑从艺术发展的巅峰转入终结时期。从整体上说，明代建筑与雕塑已失去秦汉、唐宋时期那种宏

南都繁会景物图

南都繁会景物图描绘了明代陪都南京市商业兴盛的场面，简称南都繁会图，因真实地反映了明朝留都南京市井情形，被称为明代的“清明上河图”，现藏于中国国家博物馆。

伟气势与蓬勃向上的生命力，很少涌现崭新的艺术形式和风格。然而，它却广泛吸收古代建筑和雕塑的优秀经验，在皇城与宫殿建筑、坛庙建筑、陵墓建筑、园林建筑以及宗教造像、装饰雕刻等方面，取得辉煌的业绩，放射出绚丽的光芒。

明代建筑艺术的成就，突出体现在皇城与宫殿建筑方面。明初定都南京，又建临濠为中都，在两地进行大规模的城垣、宫殿与陵墓建设。永乐四年（1406），明成祖下诏营建北京城，在元大都的基础上开始了北京城的扩建工程，北京城与宫殿建筑成为中国古代建筑艺术的典范。北京城的布局充分体现以皇室为主体的规划思想，内城、皇城、紫禁城的三重城垣，四周修筑的9座城门及箭楼、瓮城、护城河，形成坚实严密的封闭结构。在贯穿全城南北长达7.5千米的中轴线上，和谐有序地设置一系列宫廷建筑群，构成庄严富丽的城市建筑景观。紫禁城的建筑成就，赢得世界的赞美与惊叹。外朝建筑巍峨壮观、富丽堂皇，借以显示帝王权力的至高无上。内廷建筑错落有致、布局严整，更富有生活气息。整座紫禁城建筑群宏伟壮丽、气势磅礴、金碧辉煌，代表明代建筑艺术的最高水平。

为表示“敬天法祖”的思想，明代在北京修建的祭祀性坛庙，如太庙、社稷坛、天坛、地坛、日坛、月坛等杰出的皇家建筑，在建筑形象

与设计构思上体现了当时建筑艺术的卓越技巧。天坛是明代坛庙建筑中气势最宏伟、艺术水平最高、民族特色最鲜明者，为世人瞩目。

明陵是继唐陵之后，在中国陵墓建筑史上出现的一个高峰。明陵包括凤阳皇陵、泗州祖陵、南京孝陵和北京十三陵。十三陵是我国现存最完整、规模最宏大的帝王陵墓群。它在群山环绕的封闭环境中，因山就势，将各帝陵融为一个布局完整、主从分明的陵区，成为中国古代陵墓中最有整体性的帝陵建筑群。整个陵区只建了一条共同的神道，各陵不单独设置牌楼、石像生、碑亭等物，这种陵墓布局的创新使各帝陵既相互独立，又完整统一，在营造肃穆陵区气氛上达到高度成熟的建筑艺术技巧。

明成祖在营建北京城时，十分重视苑囿的建设，集中全国的能工巧匠建造皇家御苑。然而，以“芥子纳须弥”为造园空间原则的明代皇家园林，比起气势宏伟的西汉上林苑、唐华清宫，则略逊一筹。明中叶后，云集在江南鱼米之乡的官绅富商兴起一个造园高潮，涌现出如拙政园、寄畅园、豫园等一批私家园林的杰作。私家园林多为住宅的一部分，面积较小，规模有限，但造园者善于在有限的空间内，以巧妙的手法择地度势叠石引水，因地制宜设置亭台楼阁，在曲径通幽中，创造层次丰富、具有诗情画意的园林景观。

由于砖瓦制作技术的提高，冶炼铸造技术的进步，明代出现的无梁殿和金殿，成为建筑艺术的珍品，其中皇史宬和武当山金殿堪称典范。明代，琉璃瓦的生产技术和产量都超过前代，建筑上的砖雕彩饰等日趋丰富，五彩缤纷的琉璃塔遍布全国。其中，南京大报恩寺琉璃塔和山西洪洞县飞虹塔，被称为明代佛塔建筑中的奇观。体现藏传佛教曼荼罗形象的金刚宝座塔，是明代出现的佛塔类型，其最早的实例为北京真觉寺金刚宝座塔。

明代雕塑艺术的时代特色，表现为敬神意识的衰落和世俗审美趣味的增长。中国明器雕塑至明代已接近尾声，出土的作品甚少。明代宗教雕塑已失去唐宋时期的灿烂辉煌，除造像题材较广泛，在某些技巧运用方面有所创新外，整体水平不及前代。佛教石窟造像骤减，唯有山西平顺县宝岩寺石窟雕像的某些作品，尚存有宋代造像的遗风。寺庙雕塑

山陕会馆屋顶琉璃瓦

山陕会馆是山西、陕西两省商贾联乡谊、祀神明的处所，属于明清宫廷式园林建筑。其集精巧的建筑结构和精湛的雕刻艺术于一身，充分显示了古代劳动人民的智慧与才能，是中国古代传统宫殿建筑的杰作。

中，较为出色的作品是更加市俗化与个性化的罗汉像、菩萨像和侍女像。山西平遥双林寺遗留的明代佛教造像最丰富，雕塑技艺较高，堪称明代造像的优秀代表。在传统的佛教雕塑走向衰落的同时，藏传佛教雕塑却异军突起，藏传佛教寺院供奉有大量的金银铜造像、木雕佛像和泥塑佛像，其中不乏精美的艺术佳作。明初的陵墓雕塑，在蓬勃向上的时代精神影响下，尚存唐宋陵石雕那种雄伟浑厚、充满内在生命力的气势。明代建筑装饰雕刻有新的发展。在宫殿、坛庙、陵墓、宗教等类建筑的牌楼、影壁、佛塔、栏杆、石阶、门窗、额坊、屋脊等处，多有石刻、砖雕、木雕、琉璃塑等形式的装饰，并配以龙凤狮鹤、山水花草等装饰图案，大多精雕细刻，富丽华美，充分体现能工巧匠的高超技艺。遍布于北京紫禁城建筑群的装饰雕刻，是紫禁城建筑的重要组成部分，如精美华丽的蟠龙雕刻、造型各异的琉璃吻兽、金光灿烂的琉璃砖瓦、挺拔秀丽的蟠龙华表，无不为这座雄伟壮观、金碧辉煌的宫殿增添异彩。

第三节
建筑雕塑的显著特征

>>>

明代建筑艺术，在继承传统的基础上，呈现明显的定型化。洪武年间的建筑，尚与元代建筑大体相同。自永乐年间开始，官式建筑的装修、彩画、门窗、须弥座、栏杆、屋瓦、装饰图案等方面，均出现标准化、定型化，受到严格的限制。如门窗、隔扇、天花、花纹装饰等已基本定型，这在北京宫殿、坛庙建筑中得到充分体现。明代建筑的定型化，标志着中国古代建筑经过漫长的发展，到封建社会末期已达到高度成熟。因此，定型化有利于保证建筑质量，加速施工进度。但缺陷也是明显的，成批地建造，容易使建造物千篇一律，建筑形象单调呆板，对建筑师创造才能的发挥也是一种人为的限制。然而，明代建筑师却通过建筑群总体布局的变化，对形式各异、大小不同的建筑物进行巧妙组合，使它们既符合标准，适应各自不同的功能需求，又在整齐一律中表现建筑个性，给人以耳目一新的审美感受。北京紫禁城的布局，即为优秀范例。在紫禁城南北中轴线两侧按严格对称与均衡布置的建筑群，错落有致的门阙殿宇和院落空间，把封建帝王“非壮丽无以助威”的政治目的推到无以复加的地步。然而，建筑造型的同中有异，平面布局的纵横交替，空间组合的体量对比，又造成一种统一而多变化的节奏，取得既体现皇权又满足实用功能的效果。

集中精华是明代建筑艺术的又一显著特征。明代许多巨大的建筑工程，诸如营建中都城、北京城，建造紫禁城、十三陵、明长城、武当山

明祖陵的石像生

明祖陵位于江苏省淮安市盱眙县洪泽湖西岸，是明太祖朱元璋高祖、曾祖、祖父的衣冠冢及其祖父的实际葬地。祖陵石刻共有21对，分布在北南向约200米长的神道上，有麒麟、雄 师、华表、马官、拉马侍、文臣、武将、近侍等。

宫观等，无不集中全国的物力与财力，从各地征调数十万民夫。例如为满足大规模营建工程的需要，朝廷在各地设官窑烧制砖瓦，生产白城砖、黑城砖、青砖、方砖、筒瓦、吻兽等各种不同用途的砖瓦，皇家建筑用的铺地金砖就是由苏州官窑专门烧制的。紫禁城三大殿、天坛祈年殿等处的大型汉白玉，均由工部委官开采。长陵祾恩殿用的整根楠木巨柱及皇家建筑使用的楠木、樟木、柏木等高级木材，均由全国各地调运。当然，这些都城、宫殿、坛庙、陵墓的设计思想旨在体现皇权与神权，是为了满足封建帝王的政治目的、精神需求与物质享受而建造的。然而，这些建筑又是明代继承中国古代优秀的文化传统，集中天下能工巧匠而创造的奇迹，彰显了明代建筑艺术的辉煌业绩。

明代雕塑艺术出现明显的程式化倾向。在朝廷官府直接控制下所产生的陵墓雕刻与宗教雕塑作品，虽然规模浩大，材料昂贵，雕琢精细，但大多缺乏艺术创造性，而趋向于程式化和定型化。总体上讲，明代陵墓雕塑玲珑精巧，刻画细致，注重绘画性，然而缺乏唐、宋陵石雕那种磅礴气势与内在神韵。宗教雕塑制作中谨守造像量度的刻板规定，注重精雕细刻，多数作品流于程式化而失去生命活力。例如四大天王是明代佛寺中不可缺少的造像，其形象已经汉化，完全是一副中国古代武将的打扮。他们手中所持的法器已经定型为剑、琵琶、伞、蛇，被喻为“风、调、雨、顺”。道教宫观塑像也形成固定的格式，诸神形象普遍趋于程式化，缺乏生动的气韵。就连作为建筑装饰的石狮造型，如宫殿、府第、寺庙门前的镇守狮，寺塔经幢的护法狮，宫殿、寺庙中的装饰狮，也大都千篇一律，生气全无。

第二章

2 皇城与宫殿建筑

皇城与宫殿建筑，是中国古代建筑艺术的集中体现。正如一位建筑美学家所说：“如果说，西方建筑史实际上是一部以神庙、教堂为主的宗教建筑的历史，那么中国建筑史便是一部以皇城、宫殿和礼制建筑为中心的历史。”① 早在西周初年，周公旦奉周武王之命建造洛邑后，《周礼·考工记》对皇城建设制度的规定是：“匠人营国，方九里，旁三门。国中九经九纬，经涂（途）九轨。左祖右社，前朝后市。”这也就是说，皇城边长“九里”，开设三座城门，街道为“井”字形棋盘格式，皇宫位于中央大道的交叉中心点；皇宫的左边为太庙，右边为社稷坛，皇宫前部为外朝，后部为宫市。这对中国历代皇城与宫殿建筑产生了深刻的影响。

明代的皇城与宫殿建筑，在遵循封建礼制的基础上，继承和发展了中国古代皇城与宫殿建筑的传统。从

① 刘天华《巧构奇筑》，辽宁教育出版社，1990 年版，第 2 页。

皇城与宫殿建筑的布局，到单体建筑的形象设计，无不服从于表现帝王至高无上的皇权这一根本目的。明初，明太祖朱元璋曾决定以应天为南京，开封为北京，临濠（今安徽凤阳县）为中都，并营建中都城。定都南京后，朱元璋又主持大规模改建南京城。明成祖朱棣迁都北京后，在元大都的基础上，把北京扩建成一座宏伟壮丽的都城。中都城、南京城、北京城的城市规划和宫殿建筑，标志着明代皇城与宫殿建筑的辉煌成就。

第一节
明中都

>>>

明中都是明朝最早的都城。洪武二年（1369）九月，刚刚登上皇帝宝座的朱元璋，像西楚霸王项羽一样怀着衣锦还乡、光宗耀祖的心理，下诏在故乡凤阳营建中都城，命有司建置城池宫阙如京师之制。在长达6年的时间内，经过数十万工匠、民夫、军士的血汗浇灌，终于在穷乡僻壤的凤阳建成一座巍峨雄壮的宫城。洪武八年（1375）四月，朱元璋在镇压工匠示威后，下诏“罢中都役作”。从此，耗资巨大的中都城工程被停建。

一、选址

中都城建在临濠府城（今凤阳县临淮关东部）西南10千米凤凰山的正南方，在平缓的坡地上“席凤凰山以为殿”“枕山筑城”，使城垣蜿蜒直上，将东西相连的日精峰、凤凰山、万岁山、月华峰均圈绕在城内，形成气势雄伟的建筑群体。

中都城利用地形地势“席山建殿”“枕山筑城”，在选址上颇具匠

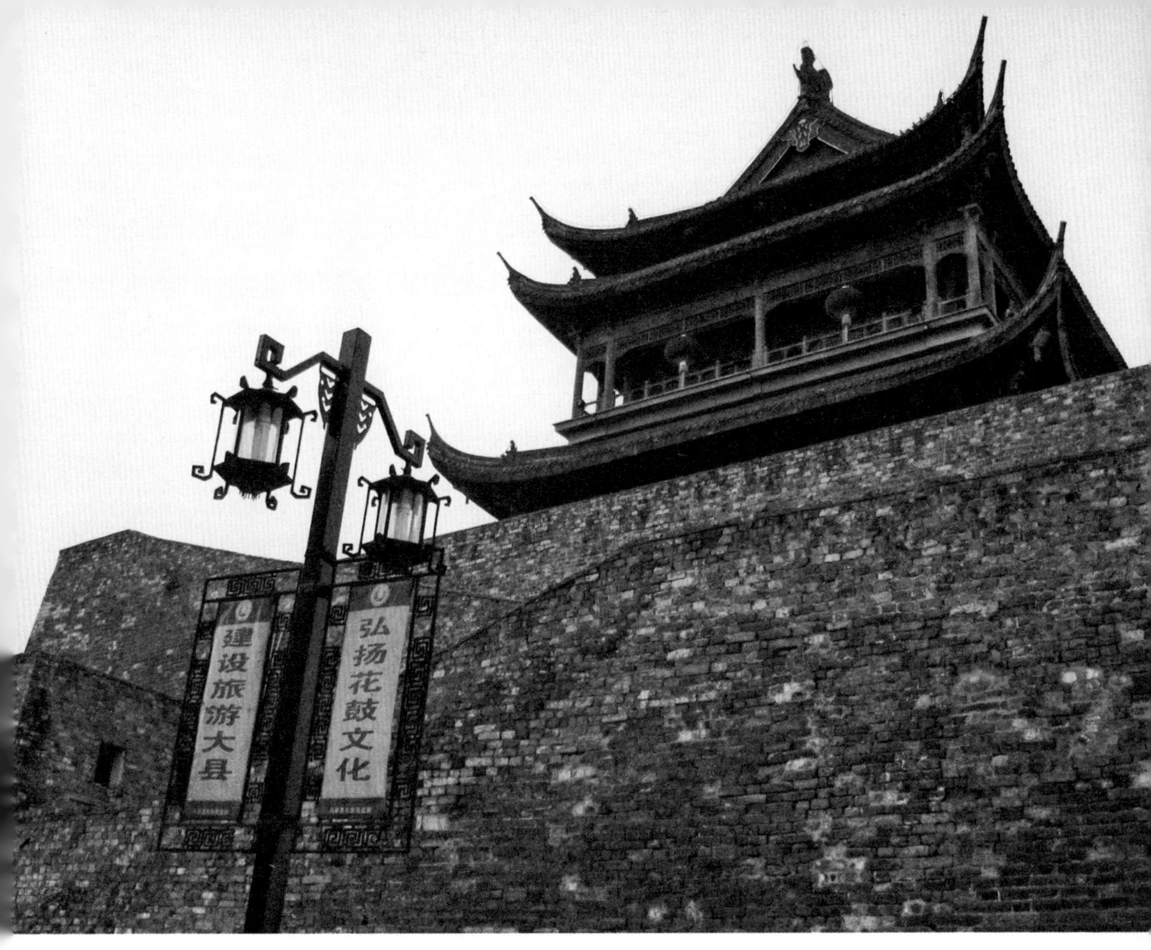

凤阳鼓楼

心。城中绵延相连的群山环抱宫阙，长达 5 千米。城东是高耸的独山，形势极为险要。独山顶上建有观星台，台上设置璇玑、玉衡、铜盘等仪器。城北是方丘湖。此湖为一内潟湖，每当雨季，湖水暴涨，一片汪洋，可凭水为阻。城西依山为险，有天然屏障崂山、庙山和焦山。西南城墙略为突出，把凤凰嘴山圈进城内，成为西南隅的险要城防。位于全城中心的万岁山，是中都城的制高点。

二、布局

明中都规模宏大，以宫城紫禁城为核心，由里外三道城组成。最里圈为紫禁城，城墙周长 3 千米，高 15 米，两面砖砌，中间垫土。城砖均刻有供砖单位、提调官员及匠作姓名。紫禁城四面各辟一门，分别为午门、玄武门、东华门、西华门。各门均建门楼，四角建角楼。宫城外有护城河环绕。中圈为皇城，城墙周长 6.75 千米，高 6.7 米，用砖石砌垒。皇城亦四面辟门，分别为承天门、北安门、东安门、西安门。正南承天门外左右各设千步廊，沿洪武街直通外城洪武门。外城为中都城，以皇城为中心，将周围的万岁山、日精峰、凤凰山、月华峰都圈进城内。城墙周长 25 千米，高 10 米。中都城呈长方形，四面辟有 9 座城门，分别为南城的前右甲弟门、洪武门、南左甲弟门，北城的后右甲弟门、北左甲弟门，东城的朝阳门、独山门、长春门，西城的涂山门。

中都城的布局以南北中轴线贯穿全城，左右呈相互对称的整体设计。中都午门以南，经承天门、大明门至洪武门，是全城的中轴线，左右对称排列着太庙和太社稷、中书省和大都督府、城隍庙和功臣庙、国子监和历代帝王庙、鼓楼和钟楼以及左右千步廊。特别是从皇城禁垣外大明门至午门长达 1.5 千米多的御道两旁，运用中轴对称的布置手法，建有门阙、御桥、文武官署、太庙太社等建筑群。就连中都城的街坊，也是东西相对，南北相称的。当初规划时设 28 街、108 坊，各有名称，只是由于停建，城内街坊才没有建成名副其实的街坊。

中都城及其四周的布局也经过统一的规划。如圜丘和山川坛，朝日坛和夕月坛，是东西相对；城南的圜丘与皇陵，城北的方丘与十王四妃坟，则南北呼应。显然，中都城的布局直接影响到明北京城的规划。

三、宫阙

中都城宫阙建筑大多模仿南京吴王（即朱元璋）新宫，但规模益宏壮，更加雕饰奇巧，奢侈豪华。紫禁城正殿为奉天殿，殿前有奉天门，殿后排列着华盖殿、谨身殿，左右建有文楼和武楼。谨身殿后为内宫，正中建乾清宫和坤宁宫，两侧为六宫。紫禁城四面的城门，南为午门，北为玄武，东为东华，西为西华。显然，这些宫殿、门阙的布局和名称均沿袭南京吴王新宫。但中都城宫阙的规模，较之吴王新宫更宏伟，并增加一些新建筑。例如午门为“冂”形平面，中间开设三个门洞，两侧各开一洞，均作拱券，并在门洞上建造城楼，其形制为北京紫禁城午门所继承；在东华门和西华门内，分别增建文华殿、武英殿。所有建筑都建造得富丽堂皇，豪华侈丽，如石构建筑均精雕细刻成精美的石雕艺术品，宫殿都装饰色彩艳丽的琉璃彩画，圜丘雕刻巨大的蟠龙，甚至皇城内外大街的路面，也用汉白玉石铺砌。

中都城的重要建筑还有龙神寺（清改称龙兴寺）、鼓楼、钟楼等。龙神寺位于日精峰前，是洪武十六年（1383）用拆迁中都城宫殿的材料所建。寺前拱门设于大道正中，中开券洞，券洞上方镶有“龙兴古刹”字牌。山门后轴线上，依次为石幢、六角亭、大雄宝殿等建筑。石幢已毁，仅留幢基痕迹。六角亭是单檐 6 角攒尖顶，前后开券门，其余开 6 角洞窗。大雄宝殿面阔 5 间，进深 3 间，梁架尚存，但屋顶和立面已面目全非。殿前甬道两侧各有一口铜锅，可供千人食粥。鼓楼、钟楼位于中都皇城前面的东西两侧，相距 2.5 千米，筑台 3 券，“屋檐三复，栋宇百尺”。在这对高大建筑物的衬托下，中都城的宫阙建筑显得更加雄伟壮观，并给人一种纵深的层次感。

第二节
南京城

>>>

南京东有钟山屏障，西据长江天险，形势十分险要，素有“龙盘虎踞”之称。历史上，南京曾多次成为都城，并有金陵、建业、建康、集庆路等名称。自东晋以来，南京一直是长江流域政治经济文化的中心，为全国最大的城市之一。元至正十六年（1356），朱元璋攻占集庆路后，改称应天府。应天，即顺应天意。永乐十九年（1421），明成祖朱棣迁都北京后，以应天府为留都，不久改称南京。此后，南京成为明代两京之一。

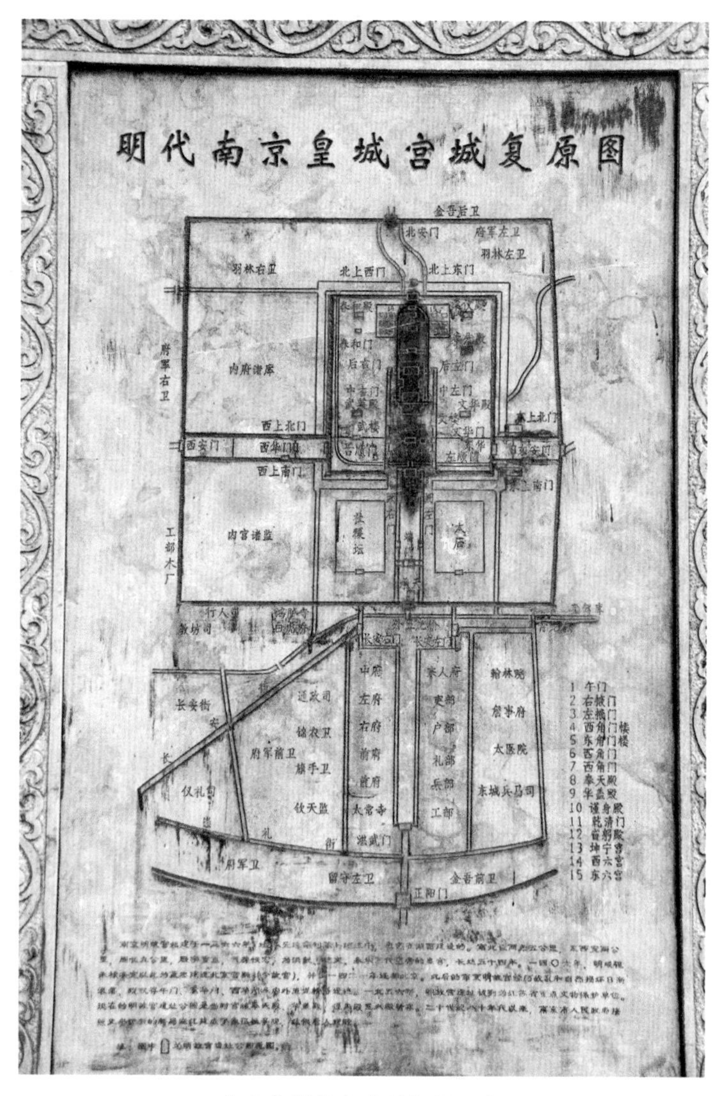

南京明故宫遗址复原图

一、南京改建

朱元璋采纳谋士朱升“高筑墙，广积粮，缓称王”的建议，没有急于称王，而是于元至正二十六年（1366）首先在钟山之南建宫殿、太庙、社稷坛，筹备建筑高大的城垣，对南京城进行改建。此后，又于洪武二至六年（1369—1373）对南京进行两次大规模的改建。洪武八年

（1375）四月，朱元璋“诏罢中都役作”后，放弃定都凤阳的计划，并于同年九月再次下诏“改建（南京）大内宫殿”。至洪武十九年（1386），南京改建工程基本完成。

明故宫遗址

经过改建的南京城，城内南北长10千米，东西宽5.5千米，为当时世界上最宏大的都城。根据地理条件和实际需要，南京城保留元代的旧城区为居民区和商业区，另在旧城东南隅新建皇城和宫城。朱元璋从防御要求出发，利用当地的湖泊、河流、山丘等自然地形，把所有的险要尽量留在城内，以加强和巩固城防。南京城原计划周长48千米，后经实测为33.5千米，将六朝的建康城和南唐的金陵城（包括石头城、西州城）旧址和富贵山、覆舟山、鸡笼山、狮子山、清凉山等全都围在城中。这样的城防设计，显然受到中都城把独山和凤凰嘴山包在城中的影响。因此，南京城的规划突破中国古代都城四方四正的传统形制，因地制宜，成为典型的不规则形。南京城墙筑好后，由于聚宝山（今雨花台）在城南，钟山在城东北，从军事防守考虑，又利用部分天然土坡加筑外廓，从而把钟山、聚宝山、幕府山等制高点全都包容在城内。

南京城墙平均高12米，最高处达18米。城墙垣顶用巨石铺面，一般宽7米，最宽处达12米。城墙除利用山岩外，在平地用条石砌基，巨砖砌身，砌砖时用糯米浆拌石灰作黏合剂。砌墙用的巨砖由江苏、安

南京明故宫城墙遗址

徽、江西、湖南、湖北 5 省 125 县监制，每块砖的两侧均有监制的府县及官吏、甲首、窑匠等人的标记，以便严格检验质量。因此，南京城墙的坚固超过中国历史上的任何都城。

全城共有 13 座城门，分别为朝阳门（今中山门）、正阳门（今光华门）、通济门、聚宝门（今中华门）、三山门（今水西门）、石城门（今汉西门）、清凉门、定淮门、仪凤门（今兴中门）、钟阜门（今小东门）、金川门、神策门（今和平门）、太平门。其中，规模最宏大、最坚固的是正南方向的聚宝门。聚宝门原为南唐都城的正南门，南宋时曾加固整修并建瓮城和券门。此门前临外秦淮长干桥，后倚内秦淮镇淮桥，位置十分重要。明初重建后，城门南北长 128 米，东西宽 90 米，用巨大石条砌筑，极为坚固。城门分三层，前后有三道瓮城，四道拱形门，各门除用铁皮包裹的木制大城门外，还有一道上下启动的千斤闸。一旦敌军攻入，千斤闸落下，可把敌军关在瓮城之内。瓮城中筑有 27 个藏兵洞，每洞能藏兵 100 余人，共可藏兵 3 000 人，有“藏兵三千不见影”之说。除藏兵外，洞中还可储存粮食、军械等战备物资，用以长期坚守。藏兵洞这种拱顶窑洞式的长隧道，为古代城市建筑中的一个创举。正因如此，这座结构复杂的城门，成为我国现存最大、最完整的一座堡垒瓮城。

南京城东部为皇城，中部为居民市肆区，西北部为军营区。居民市肆区在旧城的秦淮河两岸，这里自南唐以来已成为繁华的商业中心，街道两旁布满各种作坊和店铺，还有买卖货物的“官廊”，并形成几十处市场。明初，在此新建大片宅第，如徐达宅、常遇春宅、汤和宅等。城西北部地势较高，主要为屯兵军营。

旧城北面鸡笼山麓的成贤街建有国子监，最盛时达数千学生。国子监北面是祠庙区，建有都城隍庙、历代帝王庙。鸡笼山西侧的黄泥岗是城中高地，建有鼓楼和钟楼，成为全城的中心建筑。鼓楼是报时的地方。楼分二重，下为台基，正中辟有三个拱形无梁门洞，状如城门。台基上建楼，楼为双层重檐歇山九脊顶，高 30 余米，四周皆有窗格，可凭窗栏远眺。楼上原置大鼓 2 面，小鼓 24 面以及云板、点钟、铜壶滴漏等。钟楼与鼓楼遥相呼应。楼上原置鸣钟、立钟、卧钟各一口。鸡笼山下形成的这组建筑，使南京城宫城偏东的布局得到平衡和改善。

二、明故宫

明故宫是朱元璋的皇宫遗址，在南京城东南隅。元至正二十六年（1366），朱元璋登基前开始营建皇宫，次年竣工；后又经洪武八年（1375）和二十五年（1392）的两次改建，终于建成规模宏伟、殿宇重重的宫殿建筑群。

朱元璋定都南京后，因刘伯温勘定位于钟山“龙头”前的燕雀湖（即前湖）风水最好，宜以此地为宫址，便征调数十万民工填湖建造皇宫。宫内有两重城，内为宫城（紫禁城），外为皇城。皇宫平面略呈方形，南北长 2.5 千米，东西宽 2 千米。

皇城平面为凸字形，南面突出部分的正门是洪武门，往北有外五龙桥、承天门、端门，东西两侧是长安左门和长安右门。御街两侧排列着工部、兵部、礼部、户部、吏部及五军都督府等官署。端门东面为太庙，西面为社稷坛。皇城东门称东华门、西门称西华门、北门称玄武门。

宫城位于皇城之中，前有钟山，后有富贵山为大内镇山。宫城南正门为午门。午门又称五凤楼，是传达皇帝圣旨的地方。午门北面依次为奉天门、奉天殿、华盖殿、谨身殿。奉天殿西有武英殿，东有文华殿，

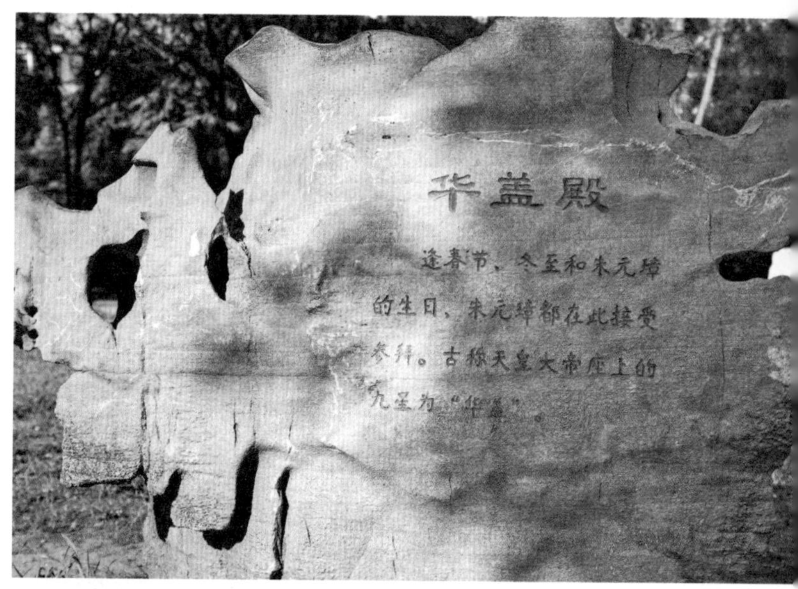

南京明故宫华盖殿遗址

南京明故宫谨身殿遗址

是文武官员入朝候旨和休息的地方。三大殿后即为内廷，是帝后生活起居处，建有乾清宫、坤宁宫，两侧为东、西六宫。这些宫殿都排列在一条南北贯穿的中轴线上，主次分明，和谐有序。宫城的东、西、北门为东安门、西安门、北安门。

沿皇城御道南出正阳门，门外东有天地坛，西有山川坛，为皇帝郊祀之处。

出朝阳门，北边钟山南麓的独龙阜有朱元璋与马皇后合葬的陵墓——明孝陵。钟山西麓，有徐达、常遇春等12位开国元勋的陵墓。

明成祖朱棣迁都北京后，南京改为留都，南京宫殿仍保留原有建制，置官员驻守。

三、对北京城的影响

南京城规划和宫殿建筑艺术，对明成祖营建北京城产生很大影响。《明成祖实录》载："初，营建北京，凡庙社郊祀坛场宫殿门阙规制，悉如南京，而高敞壮丽过之。"《大明会典》称："营建北京，宫殿门阙，悉如洪武初旧制。"

明北京城的布局均沿袭南京城的制度，只是规模更加宏伟壮丽。全城以皇城为核心，并根据左祖右社的传统城制，在皇城的前面左置太庙，右置社稷坛。承天门往南至大明门，在宽阔的御道两侧，分布着五府六部衙署，亦与南京宫城相同。紫禁城由午门至乾清门为外朝，主要建筑是奉天殿、华盖殿、谨身殿（清顺治二年更名为太和殿、中和殿、保和殿），三大殿两侧为文华殿、武英殿；乾清门至玄武门为内廷，依次是乾清宫、交泰殿、坤宁宫及东西六宫等建筑，明显体现前朝后寝的传统礼制。北京紫禁城的所有建筑，都严格按照对称的原则，建在一条南北中轴线上，这种总体布局正是南京宫城的翻版。当然，比起南京宫城，北京紫禁城建筑更加雄伟壮丽，并以金碧辉煌、崇高威严的皇家气派，显示出封建帝王至高无上的权势。

第三节

北京城

>>>

北京是一座历史悠久的古城，也是我国著名的六大古都之一。元世祖忽必烈即位不久，从至元四年（1267）开始，决定以金中都郊外的大宁宫为中心，建设一座规模宏大的新都城，名为大都。经过20余年的营建，元大都宫殿富丽堂皇，山水景色秀丽，街道宽阔平直，人口繁多，商业发达，成为当时世界著名的大都市之一。明洪武元年（1368），明太祖朱元璋派大将军徐达北上，攻占大都后，改称北平府。明初，燕王朱棣封藩于北平，在此筑城屯兵，雄霸北方。朱棣以武力夺取帝位后，于永乐元年（1403）正月，改北平为北京，改北平府为顺天府。永乐四年（1406），明成祖朱棣下诏营建北京城，至永乐十八年（1420）竣工。次年，明成祖由南京迁都北京。

明北京城的布局和宫殿建筑，直接为帝王的统治和生活服务，集中体现帝王至尊、权力至上的皇权思想。因此，它是动用了全国的财力、物力、人力才建成的，它使明代建筑艺术获得了最高的成就。

一、北京城的形制

明北京城是遵循南京城的形制，在元大都基础上进行大规模改建的皇城。分为外城、内城、皇城、宫城（紫禁城）四重城墙。

内城东西长6 650米，南北宽5 350米，周长22千米。内城东西墙仍为元大都城垣，东城垣辟有朝阳门、东直门，西城垣辟有阜成门、西直门。明军攻占元大都后，败退漠北的蒙古贵族不甘心失败，仍伺机反扑。洪武四年（1371），为便于防守，将元大都城北比较空旷的地带放弃，在北城垣以南2.5千米处另筑新垣，新建德胜门、安定门。永乐十七年（1419），又将南城垣向南移1里（500米），增建正阳门、崇文门、宣武门。内城的这9座城门均建有瓮城，并修筑城楼，在东南和西

北京城鸟瞰图

南两个城角还建造角楼。城外南北东西四方设置天坛、地坛、日坛、月坛，四坛相对，寓意皇城位于天地四方的中心。

北京的城门，最著名的是正阳门和德胜门。正阳门是北京内城的正门，位于北京城的南北中轴线上，由城楼和箭楼组成。城楼建于永乐十九年（1421），矗立在高大的砖砌城台上，高达 42 米，是北京城建筑最雄伟，工艺最精湛的一座城门楼。城楼面阔 7 间，进深 3 间，屋顶为灰筒瓦，绿琉璃瓦剪边，重檐歇山式。下层为朱红砖墙，正中及山墙面各辟一门；上层为菱花格隔扇门窗，梁枋饰以金花彩云。箭楼建于正统四年（1439），雄踞于城台上，高达 38 米，为北京城箭楼中最高者。屋顶形式及开间均与城楼相同，但在东、西、南三面墙及两檐间开设 82 个箭孔，显得雄伟壮观。北面有五间抱厦，直通台城顶。德胜门是北京城的重要门户，军队出征、班师回朝均由此门出入，由城楼、箭楼和瓮城组成。箭楼建于正统四年，矗立在砖砌城台上，高 31.9 米，是城楼的防御性建筑。箭楼面阔 7 间，灰筒瓦，绿琉璃瓦剪边，重檐歇山顶，

北京正阳门城楼

两层檐间及东、西、北三面墙上开设 82 个箭孔。正统十四年（1449），监察御史于谦率军将进犯的瓦剌军挡在德胜门外，使京城安然无恙。

嘉靖年间（1522—1566），在北京内城南部形成大片市肆及居民区。当时，蒙古骑兵多次南侵，甚至逼近北京。为加强京城防卫，嘉靖三十二年（1553）修筑外城垣，形成外城。外城向南扩展，把城南稠密的居民区和市肆圈进城中，并将天坛、先农坛包围进去。原计划在内城东、西、北三面也修筑周长 60 千米的外城垣，将内城全部围起来，但由于人力、物力、财力的匮乏，未能实现。增建外城后，正阳门、东便门、西便门往南一带，东垣有广渠门，西垣有广宁门，南垣有右安门、永定门、左安门。于是，北京城的城垣轮廓呈"凸"字形。北京外城，东西长 7 950 米，南北宽 3 100 米。

皇城位于内城中心偏南，包括三海及宫城。皇城东西 2 500 米，南北 2 750 米，周长 9 千米，呈不规则的方形。城四面开门。南面的正门称承天门（清改称天安门），表示皇权"承天启运""受命于天"。其初建时只是一座三层楼式的木牌楼，中间悬挂"承天之门"匾额。皇帝每逢祭祀天地、大婚庆典、出兵亲征等大典，均由此门通过。皇帝登基、册立皇后，都在城楼上颁发诏令。天顺元年（1457），此门焚毁。成化元年（1465），工部尚书白圭主持修复为九开间门楼。承天门的南面是皇城的前门大明门（清改称大清门）。承天门左右设有太庙、社稷坛，前面是千步廊，两侧为五府六部等官署。皇城内的主要建筑有宫殿、苑囿、坛庙、寺观、衙署、宅第等。皇城四周的居住区分为37坊，各坊以胡同划分为长条形的住宅地段。

位于皇城内的宫城（紫禁城），是北京城的核心。明宫城是在元大都宫城废址仿照南京宫殿布局建造的，但规模比南京宫殿更为严整宏伟。宫城东西753米，南北961米，城四角建有华丽的角楼，城外有筒子河护卫。城辟四门：南正门为午门，造型为凹形城楼，显得庄严华丽；北门为玄武门（清改称神武门），外有万岁山（清改称景山）作天然屏障；东、西门为东华门和西华门，面对两条宽阔的大街。宫城采用前朝后寝的传统形制，从午门至乾清门为外朝，是皇帝处理政务，行使权力的场所，主要建筑是三大殿；从乾清门至玄武门为内廷，是帝王后妃的居住区。

二、北京城的特点

（一）全城的核心

在封建社会，皇帝是代表“天”来统治国家的天子，是万民仰慕的至尊者。因此，皇宫建筑必须位于都城的重要位置。北京城的形制，继承了中国古代都城规划的传统。全城以皇城为主体，而宫殿的建造又以体现帝王至尊、皇权至上为指导。为此，紫禁城坐落在北京城建筑的核心部位，并且是全城规模最宏大、气势最雄伟的建筑群。紫禁城的中轴线又与全城的中轴线重合，在它的两侧，对称地分布着各种规格的建筑群。这正寓意着北极星高居中天，众星拱月之说。

（二）全城的主干

北京城以紫禁城建筑为核心，自南向北贯穿一条长达7.5千米的中轴线。在这条中轴线上，坐落着全城最重要的建筑群，包括31幢华美的殿、堂、楼、门，23座院落和广场，由此构成北京城的主干建筑。

紫禁城全景

北京中轴线

这条中轴线以外城的南门永定门为起点。在永定门至内城的南门正阳门之间，途经天桥、五牌楼、前门箭楼，成为进入宫廷区前的先导性空间。正阳门北至大明门，是进入宫廷区的过渡性空间。从大明门经承天门、端门、午门，进入紫禁城。由午门经太和门，展现在面前的外朝三大殿是紫禁城建筑的主体，也是北京城中轴线上建筑艺术的高潮。当入朝者怀着畏惧、崇敬的心理，来到雄伟壮观、高大瑰丽、戒备森严的奉天殿（太和殿）前，怎能不感受到那高坐在金銮殿上君临天下的封建帝王的赫赫威仪呢？从乾清门经内廷三大殿、御花园，至玄武门，紫禁城主体建筑逐渐落下帷幕。出地安门至鼓楼、钟楼，则是北京城中轴线建筑序列的尾声。鼓楼、钟楼同前面“深宫九重”的宫殿建筑群相互呼应，使北京城中轴线至此戛然而止。

沿这条中轴线，排列着众多的城阙、牌坊、华表、桥梁、石狮等不同类型的建筑和雕塑，把皇宫建筑衬托得更加庄严肃穆，以显示封建帝王至高无上的权势。中轴线的两侧，对称地布置着太庙和社稷坛，天坛和先农坛等坛庙建筑群，既表示明代皇帝对祖宗、社稷、苍天、神祇的敬重，又包含着君权神授、天人合一的寓意。太庙和社稷坛南面的五府六部等官署，则显示以皇帝为中心的封建官僚机构。在皇城四周的居住区，星罗棋布地罗列着 37 坊及众多长短不一、曲折幽深的胡同。中轴线上的宫殿建筑群雄伟壮观，金碧辉煌，色彩艳丽，而位于干线街巷两旁青灰色的民宅建筑，则简陋低矮，色彩单一，二者形成鲜明的对比。

（三）街道坊巷

明北京城的街道坊巷，基本沿用元大都的规划系统。元大都以琼华岛为中心，建有宫城、皇城及大都城等一系列整齐划一的建筑，全城的轮廓接近正方形。大都城街道整齐规范，分为干道和胡同。干道是通向各城门的街道，一般宽 25 米。全城共有东西南北 9 条干道，由此构成一个纵横交错的大棋盘，棋盘中的 50 块地盘就是居民区的 50 坊。各坊排列的宽窄不一的小街，即为胡同。胡同宽五六米，是由众多的院落、房屋连接而成的一排排住宅的间隔带，供人们出入。明代将分散在皇城四周的居民区划分为 37 坊，各坊以胡同划分为长条形的住宅地段。两条胡同的间距大约70米，中间大多由三进的四合院相并联，形成有规律的街巷布置。

北京城的主要干道是紫禁城正阳门至永定门中轴线上长达3.1千米的正阳门大街，街道笔直宽阔，两旁店铺林立，繁华热闹；其次是通往各城门的大街。增建外城后，崇文门外大街、宣武门外大街及联结这两条街道的横街，也成为主要干道。南城墙的推展，使元大都南城墙原来的位置空闲，从而开辟皇城前的东西大街（东、西长安街），这是城内东西向的主要街道。由于皇城位于城市的中心，内城分为东西两部分，为东西向交通造成一定障碍，出现一些丁字街。

北京的商业区相对集中在皇城四侧，形成鼓楼、东四牌楼、西四牌楼及正阳门外四个繁华的商业中心。由于行会的发展，同行业者多集中在以该行业为名的坊巷里，如米市大街、油坊胡同、鲜鱼市、果子巷、磁器口、金鱼胡同、豆瓣胡同等。城内有些地区形成集中交易或定期交易的市场，如白塔寺庙会、隆福寺庙会以及东华门外的灯市。

明代，平民百姓大多住在外城，而官僚、贵族、地主、商人则集中在内城。因此，许多街道坊巷是以官衙或名人命名的。例如户部街、鸿胪寺街、东厂胡同、兵马司胡同等，均以官署衙门而命名；定府大街因定国公徐达、丰盛胡同因丰城侯李彬、武定胡同因武定侯郭英、蒯侍郎胡同因工部左侍郎蒯祥而得名；张皇亲胡同、石驸马胡同、马状元胡同、石大人胡同等名称，显然与皇亲国戚、高官显宦有密切联系。

（四）山水林木

紫禁城玄武门的北面，矗立着近50米高的万岁山，这是北京城的制高点。元初，元世祖忽必烈在大都城的中心地区太液池建造宫殿城池。明军攻占大都时，为消除元朝的“王气”，将宫殿全部拆毁。永乐十四年（1416）营建紫禁城时，将建筑垃圾和挖紫禁城护城河的泥土堆筑成一座大土山。山的主峰正好压在元朝皇宫的主要建筑延春阁的遗址上。明代帝王祈求这座土山能镇住元朝的“王气”，永保大明江山长治久安，赐名为万岁山，并视之为北京城的“镇山”。万岁山有五峰，其中峰位置最为神奇，它不仅处在北京城南北中轴线上，而且位于内城南

北京城玄武门

玄武门是紫禁城北门。建于明永乐十八年，初名玄武门，取古代四神中的玄武，代表北方之意，后因避康熙皇帝玄烨名讳，改名神武门。神武门内设钟鼓，与钟鼓楼相应，用以起更报时。

北城墙的中点线上，成为全城的中心。登临峰顶，俯视全城，京城景观尽收眼底，充分显示明代宫殿建筑规划的水平。

位于紫禁城西面的西苑，是明代皇城内规模最大的园林。这里原是元朝皇宫旧址。当年，太液池东西两岸巍峨的宫殿与秀丽的水上风光融为一体，是风景秀丽的皇城内御苑。明初，将元朝宫殿拆除后，紫禁城的位置向东迁移，西苑便成为皇帝的行宫。开挖南海后，中海、南海和北海连成一片，以全“龙入大海，前程远大”之旨。在这片碧波荡漾、郁郁葱葱的山水林木风景区内，岸边的花草树木、层岩奇石与亭台阁榭、殿宇塔庙参差掩映，自然景观与建筑景观交相生辉，使西苑景色更加秀丽宜人。

明代皇帝依照古制，在紫禁城、太庙、社稷坛、天坛、山川坛等皇家建筑群中，种植大量松槐，寓意万寿无疆。王公府邸、民居庭院内，也遍植树木。由于宫殿、坛庙建筑和住宅院内树木较多，城内虽无集中的绿化区，却也处在一片绿荫之中。

第四节
紫禁城

>>>

宫殿建筑是中国古代最重要的建筑类型。由于宫殿是帝王居住的地方，是国家政治活动的中心，大凡改朝换代后，新王朝总要倾全国的人力、物力、财力来建造宫殿。因此，皇宫建筑成为历朝历代建筑艺术水平的集中体现。

中国现知最早的宫殿遗址，是河南偃师二里头商代宫殿遗址。据史书记载，此处为商初成汤都城——西亳的宫殿遗址。这是一座残局约 80 厘米的夯土台，台上有一座八开间的殿堂，周围有回廊环绕，南面有门的遗迹，反映了早期封闭庭院的面貌。河南安阳小屯的殷墟，是商代后期都城殷所在地。经过长期发掘，已发现散置在洹水两岸的数十处宫殿遗址。西周宫殿遗址的典型代表，是陕西岐山凤雏村宫殿遗址。这是一座相当严整的四合院式建筑，围成几组院落的建筑群具有明显的对称布局。先秦宫殿建筑的新风尚是“美宫室，高台榭”，即在高大的夯土台上分层建造木构房屋，如河北易县燕下都老姥台、邯郸赵王城丛台。秦汉以后，宫殿建筑在中国古代建筑中始终占有重要的位置，最著名的是秦始皇统一中国后兴建的阿房宫。据《史记·秦始皇本纪》记载，这组规模空前的宫殿建筑群“先作前殿阿房，东西五百步，南北五十丈，上可以坐万人，下可以建五丈旗。周驰为阁道，自殿下直抵南山。表南山之巅以为阙，为复道，自阿房渡渭，属之咸阳”。其后，西汉的未央宫、唐代的大明宫，都是杰出的宫殿建筑。中国现存规模最大、最完整，也是最精美的宫殿建筑，首推北京紫禁城（今北京故宫）。

在中国古代建筑史上，北京紫禁城并非最大的宫城，其规模远逊于秦阿房宫。但是，这座建于中国封建社会末期的宫殿，却以其完美的建筑布局、崇高的象征意味、绚丽的色彩魅力等一系列杰出的艺术成就，成为中国古代宫殿建筑的代表作。

一、完美的建筑布局

紫禁城的总体布局，服从于一个根本目的，即在建筑上运用各种手段，体现皇权至高无上的威严。

紫禁城原址是元大都城宫殿，明初被拆毁。永乐四年（1406），明成祖朱棣为抵御北方蒙古骑兵的不断南侵，决定将国都由南京迁到北京，并在北京营建皇宫。次年，由蔡信、陆祥、杨青等人负责筹备，并征调全国二三十万农民和一部分卫军做壮工，派工匠预制构件，为在北京大兴土木做准备工作。永乐十五年（1617）正式开工，由蒯祥设计并主持工程。永乐十八年（1620）基本建成。永乐十九年（1621），明成祖迁都北京，紫禁城正式成为皇宫。明代共有 14 位皇帝居住在这里。

紫禁城平面呈矩形，南北长 961 米，东西宽 753 米，占地面积 72 万平方米，建筑面积 15 万平方米，有屋宇 9 000 余间。紫禁城四周，有高达 10 米的城墙，城墙上布满雉堞，墙外环绕着宽 52 米的筒子河。在这座壁垒森严的宫城四隅，矗立着玲珑华丽的角楼。

作为造型艺术之一，建筑是以可视性的形体直接诉诸人的视觉，因此，建筑结构、布局的形式感是重要的审美因素。在建筑艺术中，要特别讲究均衡、比例、对称、对比、和谐等形式美法则的运用，使建筑达到和谐统一的完美布局，表现出鲜明的性格特色和耐人寻味的韵律。紫禁城建筑群，正是创造性地运用形式美法则，处在纵贯南北的中轴线上，既方整规矩，又层次分明、井然有序地排列着十多所大院落，上百座宫殿楼阁。其中最重要的宫殿建筑，都坐落在这条中轴线上。其他附属建筑，则围绕中轴线，对称有序地排列在左右，与主体建筑形成强烈

紫禁城布局

对比。这种严格对称的院落式建筑布局，再加上朱红色的宫墙，汉白玉的台基，金灿灿的琉璃瓦顶，大红色的廊柱门窗，使紫禁城建筑富丽堂皇，绚丽夺目，给人一种皇权至上，等级森严的威严崇高感。

紫禁城建筑群根据前朝后寝的传统形制，分为前后两大区域：前为外朝，后属内廷。由午门至乾清门的外朝区，是皇朝的政治中心，因此这部分宫殿建筑规模宏大，气势雄伟。从乾清门至玄武门的内廷区，是帝后居住的院落，较之外朝，建筑空间已明显缩小，房屋体量较小，更富有生活气息。玄武门北面耸立的万岁山，作为宫城的屏障，使紫禁城宫殿的布局在高潮中结束。

紫禁城的整体布局分中、东、西三路，其中起主导作用的是纵贯南北的中路轴线。紫禁城的中路轴线恰与北京城中轴线重合。不仅宫城的正门、朝寝的正门、外朝三大殿、内廷后三宫，甚至奉天殿皇帝的宝座，都设置在这条中轴线上。显然，这样的总体布局，是严格遵守封建礼法，以“中”“正”代表皇帝的崇高威仪，显示皇家建筑的威严壮丽，渲染帝王权力的至高无上。

二、外朝建筑

外朝是皇帝颁布大政、举行集会和仪典、处理事务的行政区，主要由午门、三大殿及东西两侧的文华殿、武英殿组成。

从承天门入端门，过石板御道，便是紫禁城的正门——午门。午门建于永乐十八年，高 8 米，平面呈凹形。主体为高大的砖石城台，城台正面建一座 9 开间重檐庑殿式黄琉璃瓦顶的城楼，是中国古代建筑形制的最高等级。城楼两侧各设明廊 13 间，四隅各建一座重檐四角攒尖顶的角亭，巍峨壮观，势如凤鸟展翅，俗称五凤楼。城台中间辟有 3 座门洞，左右各有一掖门，形成“明三暗五”的 5 座门洞。皇帝祭祀圜丘、太庙、社稷等大典和皇后大婚入宫，均由午门的中门出入。文武官员由东偏门出入，皇亲国戚由西偏门出入。两掖门平时关闭，只在大朝升殿或皇帝登基时，文武百官才各从东西掖门入。午门正楼左右建有钟鼓亭。皇帝亲祀坛庙出午门时鸣钟，祭享太庙出午门时击鼓，在奉天殿主持大典时钟鼓齐鸣。

午门是举行颁诏、献俘典礼的场所。皇帝在鼓乐声中登上正楼，居高临下，发号施令，气势颇为壮观。美国建筑师墨菲在参观午门后称赞说：“在紫禁城墙南部中间是全国最优秀的建筑单体。”他认为，午门的“效果是一种压倒性的壮丽和令人呼吸为之屏息的美”①。

午门以北，是一个南北长 130 米，东西宽 200 米的矩形庭院。院中横穿一条形如玉带的金水河，河上架有五座白玉石桥，桥对面是紫禁城内第一道宫门——太和门（明初称奉天门）。这是一座面阔 9 间，重檐歇山顶殿宇式宫门，建在白石须弥座上。太和门前弧形的河水、汉白玉石的桥栏杆，以及门前摆设的一对高大的青铜狮子，构成一幅楼台桥群的美丽画面，成为进入三大殿前的铺垫。太和门东侧有熙和门，通往文华殿而后东华门；西侧有协和门，途经武英殿而后西华门。

进太和门后，只见在空空荡荡、万籁俱寂的太和门广场北面，矗

① 参见李允铄《华夏意匠》，香港广角镜出版社，第 91 页。

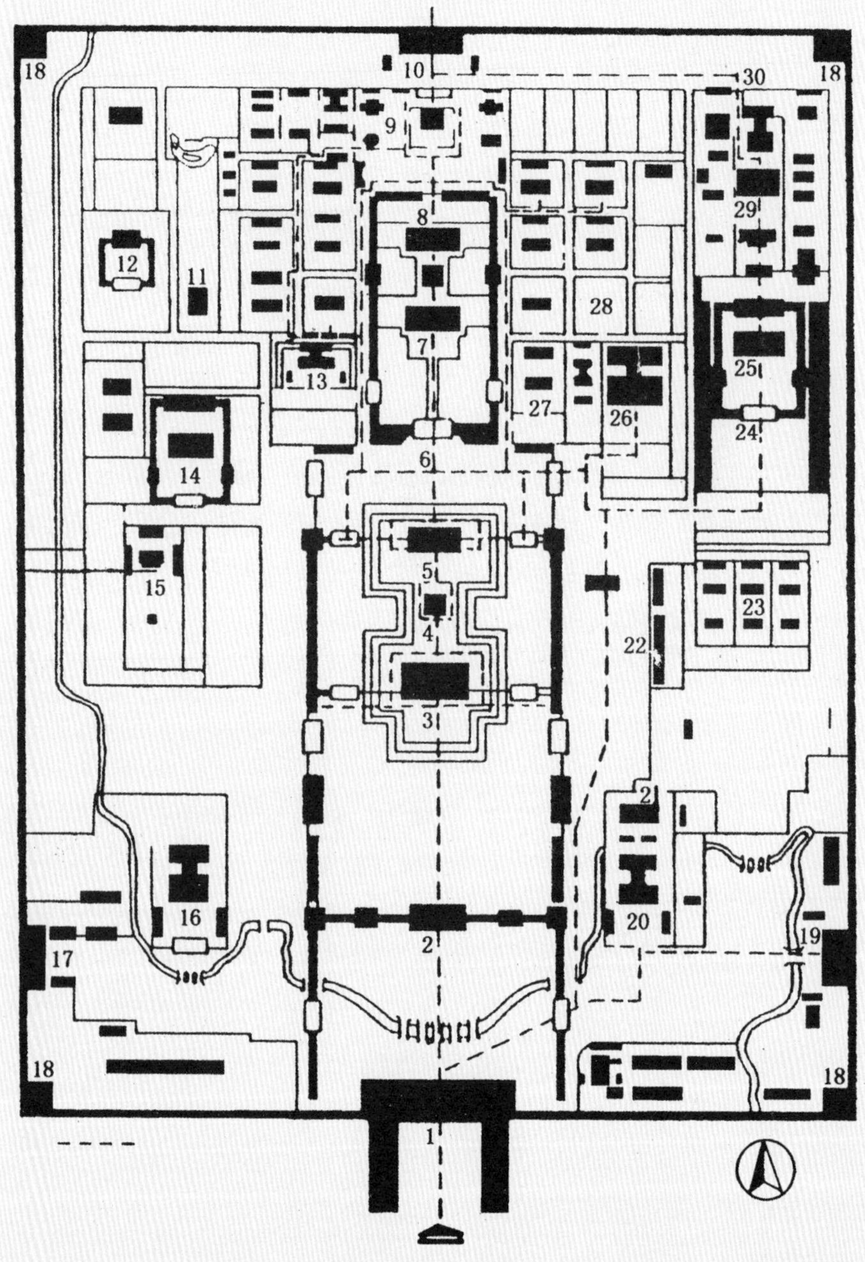

1. 午　门	2. 太和门	3. 太和殿	4. 中和殿	5. 保和殿	6. 乾清门
7. 乾清宫	8. 坤宁宫	9. 御花园	10. 神武门	11. 西六宫	12. 寿安宫
13. 养心殿	14. 慈宁宫	15. 咸若馆	16. 武英殿	17. 西华门	18. 角　楼
19. 东华门	20. 文华殿	21. 文澜阁	22. 御茶膳所	23. 南三所	24. 宁寿门
25. 皇极殿	26. 奉先殿	27. 斋　宫	28. 东六宫	29. 乐寿堂	30. 贞顺门

故宫平面图

午 门

立着庄严雄伟的奉天殿。殿前广场平面呈方形，面积2.5万平方米，是紫禁城最大的庭院。明代前，宫殿前面都植树绿化，而这里的地面却铺满砖石，既无花草树木，也无绿水清波，笼罩在一片庄严肃穆的气氛中。这样的建筑设计，显然是为了渲染奉天殿的威严庄重，使封建礼仪达到最佳效果。当群臣战战兢兢地穿过空旷沉寂的广场，来到高高矗立在三重汉白玉台基上的奉天殿前，那高居于大殿御座上的皇帝和俯首在殿下的臣子，形成多么强烈的对比反差。建筑的空间组合与布局，就是以这样的方式来体现皇帝凌驾一切的威慑力和崇高感。

把宫殿置于高台基上用以表示其显赫的地位，是中国古代建筑常用的表现手法。奉天殿、华盖殿、谨身殿是外朝最重要的建筑。三大殿前后排列在高8.13米的工字形三重汉白玉台基上，形成一组气势极其雄伟的建筑群。台基采用稳重浑厚的须弥座形式，雕刻精美华丽，每层台基都围有汉白玉栏杆和栏板，玲珑秀丽，精巧隽美。每块栏板之间用望柱相连，每根望柱的下面，都有一个石雕的吐水龙头。它叫螭首，是龙

紫禁城太和殿

生九子之一，用在这里，不仅是精心设计的排水系统，而且成为台基的精美装饰。有人统计，三大殿共有栏板 1 414 块，望柱 1 460 根，龙头 1 138 个[①]。每逢下雨，雨水从栏板、望柱下的小洞口和龙头口中吐出，大雨如喷泉，小雨如水柱，千龙齐喷，蔚为壮观。

奉天殿是紫禁城最雄伟、最辉煌的建筑，也是封建社会等级最高的建筑。始建于永乐十八年，初名奉天殿，明嘉靖四十一年（1562）重建时改称皇极殿，清顺治二年（1645）改为太和殿，俗称金銮殿。这里是皇帝举行重大典礼的场所，颁布重要诏书、新皇帝登基、皇帝诞辰、节日、出兵征讨、册封皇后等大朝会均在此举行。

奉天殿面阔 9 间（清扩建为 11 间），进深 5 间，符合“九五为尊，帝王之居”的古制。殿高 35.05 米（包括台基 8.13 米），宽 63 米，建筑面积 2 377 平方米，是中国现存最大的古建殿堂。殿顶为重檐庑殿形制，覆盖黄色琉璃瓦。垂脊檐角上装饰琉璃吻兽，最前面是骑凤仙人，

① 参见刘天华《巧构奇筑》，辽宁教育出版社，1990 年版，第 30 页。

后面的吻兽依次为龙、凤、狮、天马、海马、狻猊、押鱼、獬豸、斗牛，是古建筑中的最高等级。殿中排列 72 根楠木巨柱，中间 6 根为沥粉金漆缠龙朱柱，直径 1 米，高 12.7 米。殿正中有一个高 1.6 米的平台，上面设置皇帝专用的金漆雕龙宝座。宝座正中上方悬有精美的蟠龙藻井。殿内金砖铺墁，内墙面饰以黄色，梁枋绘饰和玺彩画，辉煌绚丽；屋檐斗拱层层出挑，琉璃瓦屋顶金光闪耀。殿前露台上陈列的铜龟、铜鹤，用于祈祷焚香，象征江山社稷永固，皇帝万寿无疆；摆设的日晷、嘉量，用以统令天下，体现皇权至高无上。

奉天殿前庭院两侧的朝房之间，建有两座二层楼阁，左为体仁阁，右为弘义阁。两座高阁造型相同，体量也较大。在它们的陪衬下，奉天殿显得更加雄伟壮观。

华盖殿坐落在工字台基的中部，是一座面阔 5 间的单檐攒尖顶圆殿（清改为方殿），建筑面积 580 平方米。顶为鎏金圆顶，可四面通行。殿内雕有金龙，极为精致。这里是皇帝朝会前的预备室，举行大典前在此休息，并接受大臣的朝拜。殿始建于永乐十八年，初名华盖殿，嘉靖时改为中极殿，清顺治时改称中和殿。现存建筑是万历四十二年（1615）由工匠冯巧主持重建的，殿中童柱上留有明人墨书“中极殿”。

谨身殿与前两殿共建于相连的工字台基上，是三大殿中的最后一座。这是一座面阔 9 间，进深 5 间的重檐歇山顶宫殿，建筑面积 1 240 平方米。皇帝册封皇后、册立皇太子，前往奉天殿接受群臣朝拜时，先在这里穿礼服、戴冠冕。该殿始建于永乐十八年，初名谨身殿，嘉靖时改为建极殿，清顺治时改称保和殿。现存建筑为万历四十二年由冯巧主持重建，殿中童柱上尚有明人书写的“建极殿”殿名。殿内木构和内檐彩画，均为冯巧重建时的原作。殿后的云龙石雕极为精美，是紫禁城最大的丹陛。在一巨型艾叶青石上，上端雕饰 9 条蛟龙飞腾于云雾之中，形象雄壮而矫健，下端是海水江崖纹。整幅石雕生动传神，层次清晰，雕饰华丽，富有立体感。石长 16.57 米，宽 3.06 米，厚 1.7 米，重约 250 吨，为世界罕见的巨型石雕。

在三大殿的两侧，东有文华殿，西有武英殿，均属外朝建筑。两组建筑自成格局，都是由门、配殿、廊庑组成的矩形院落，里面建有 5 开间的单檐歇山顶前殿和后殿。

文华殿明初为太子书斋，用绿色琉璃瓦，嘉靖年间成为皇帝召见翰林学士、举行经筵典礼的地方，后改用黄琉璃瓦。皇宫建筑一律用黄琉璃瓦，是明代创建的规矩。其后殿名主敬，东配殿名本仁，西配殿名集义。殿前是三开间的景行门，殿后有祝版房、神厨等。

武英殿是皇帝斋居和召见大臣的地方。其后殿名敬思，东配殿名凝道，西配殿名焕章。殿前的丹陛、露台和南面的武英门四周环绕白石栏杆，内金水河从门前缓缓流过，河上建有3座白石拱桥。明末，李自成攻占北京后建立顺朝，曾在此举行登基大典。

三、内廷建筑

内廷是帝后妃嫔的居住区，主要由后三宫及东西六宫、乾东西五所组成。

从谨身殿北行，通过一东西横长的广场，即来到内廷的正门——乾清门。此门为5开间单檐歇山顶，坐落在白石雕须弥座上，前面围以白石栏杆。门两侧作八字影壁，门前放置1对鎏金铜狮、5对鎏金大缸。乾清门连接东西北三面的门、庑，围成一个纵长的院落。殿庭正中"土"字形石台基上，依次排列着乾清宫、交泰殿和坤宁宫。

乾清宫是内廷前殿，始建于永乐十八年。在中国古代的观念里，乾为阳，坤为阴，因此，乾清宫是明朝皇帝的寝宫和处理日常事务的地方。殿面阔9间，进深5间，高24米，重檐庑殿顶。殿前丹陛上陈设着日晷、嘉量、铜龟、铜鹤、香炉等。这些摆设，有的属实用需要，如大缸用以盛水防火灾、日晷测时、香炉焚香；有的具有象征意义，如狮子象征威严、铜龟表示长寿。

嘉靖年间（1522—1566），根据"阴阳交泰"的说法，在乾清宫和坤宁宫之间建造交泰殿，作为内廷庆典的场所，于是，形成后三宫，如同外朝三大殿的形制与布局。但内廷是居住庭院格局，体量及建筑空间远逊于外朝三大殿，威严崇高的气氛明显减弱。交泰殿是一座方形攒尖顶式建筑，面阔3间，黄琉璃瓦，鎏金圆形宝顶，形似华盖殿而略小。册封皇后的授册、授宝仪式均在此举行，千秋节（皇后诞辰日）皇后在

故宫乾清宫牌匾

此接受朝贺。

坤宁宫是内廷中轴线的最后一座宫殿，始建于永乐十八年。殿面阔9间，重檐庑殿顶。明代这里是皇后的寝宫。崇祯十七年（1644），李自成军队进入北京后，明思宗朱由检在煤山自缢，皇后周氏在坤宁宫自缢。

后三宫东西两侧各有两条南北巷道。每条巷道自南至北各建3座庭院式宫殿，称为东西六宫。东六宫为景仁宫、承乾宫、钟粹宫、延禧宫、永和宫、景阳宫，是东宫妃嫔的住所；西六宫为储秀宫、翊坤宫、永寿宫、启祥宫、长春宫、咸福宫，是西宫妃嫔的住所。各宫均为二进院落，外围高墙，正面建琉璃砖门。每进都是一正两厢，前为殿，后为室，各有配殿。各院之间有通巷，关起院门为独立院落，走进通巷可彼此交通。

东西六宫的北面，有一条东西巷道，两侧各建5所并列的院落，称为乾东西五所。这里是皇太子居住的地方。乾东西五所格局相同，各院都建有前后三重殿堂，各有厢房，形成二进院落，但建筑规模小于东西六宫。

东西六宫和乾东西五所规整对称地陪衬在内廷中轴线的两侧，是后三宫的附属建筑。

乾清门东侧景运门外的奉先殿，是紫禁城内的太庙，始建于永乐年间。奉先殿东面有南北巷道，道东建有外东裕库、哕鸾宫、喈凤宫等建筑，是前朝妃嫔养老的地方。

乾清门西侧隆宗门外，建有慈宁宫等独立的宫殿建筑。慈宁宫始建于嘉靖年间，前殿重檐歇山顶，后殿为大佛堂，是皇太后的住地。慈宁宫的西边是寿康宫，为慈宁之寝宫；北边是寿安宫，为祝寿的场所；南边的慈宁花园内，建有供佛藏经用的咸若馆、慈荫楼、宝相楼、吉云楼等。

坤宁宫北面的宫后苑（清改称御花园），是一座宫廷式花园。始建于永乐十五年（1417）。它位于紫禁城中轴线的北端，正对着玄武门。

坤宁宫

紫禁城御花园雪景

主体建筑钦安殿位于花园正中，建在白石台基上，重檐盝（lù，盝顶是一种特殊的古建筑屋顶形式，形似庑殿顶）顶，顶中安放鎏金宝瓶，是古建筑中少见的佳例。园内建筑分列在钦安殿东西两侧，东路建筑有堆秀山御景亭、摛藻堂、浮碧亭、万春亭、绛雪轩；西路建筑有延辉阁、位育斋、澄瑞亭、千秋亭、养性斋。堆秀山是重阳节帝后及妃嫔登高的地方，站在御景亭可远眺四周景色。园内苍松翠柏枝繁叶茂，盆花异卉秀丽多姿，奇石叠山景致非凡，可谓紫禁城内别有情趣的一处景观。当人们走出庄严雄伟的宫殿建筑群，漫步园中，顿觉心旷神怡，仿佛进入另一世界。

紫禁城的北门玄武门（清代改称神武门），始建于永乐十八年。门楼面阔 5 间，重檐庑殿顶，位于紫禁城北城墙正中。对面的万岁山，如同一道屏障，护卫着紫禁城，使宫城后部增加了稳定感和安全感。

四、皇权的象征

封建帝王自称“真龙天子”，以“君临天下，主宰万方”为己任，因此皇城与宫殿建筑主要不是满足居住的实用目的，而是为了显示皇帝的至尊与威严，象征皇权的至高无上。明代紫禁城将中国古代皇城与宫殿建筑的特色发展到登峰造极的地步，在紫禁城的设计与布局、宫殿建筑的命名与造型等方面，运用一系列的象征手法，突出表现封建帝王的权力和尊贵。

将宫城称为紫禁城，是对天上星宫紫微垣的借用，颇具象征意味。中国古代天文学家认为，紫微垣居于天上三垣的中间，如《晋书·天文志》载：“紫宫垣十五星，其西蕃七，东蕃八，在北斗北，一曰紫微，大帝之座也，天子之常居也。”在中国古代神话中，天帝居住的天宫被称作紫微宫，而皇帝是人间的统治者，皇宫是百官崇拜、万民景仰的禁地，也就理所当然地借用天宫之名，称为紫禁城。

紫禁城宫殿的设计与布局均附会天宫，体现皇权至上的精神内涵。例如从正阳门到奉天殿之间的大明门、承天门、端门、午门、太和门，外朝三大殿及内廷东西六宫，正是象征着“五门、三朝、六寝”的宫城制度；巍然矗立在三重白石台基上的奉天殿，居高临下，俯视众宫，象征天子的崇高与神圣；乾清宫象征天，坤宁宫象征地，后三宫东西两侧的日精门、月华门分别象征日月，东西六宫象征十二星辰，而内廷众多对称殿阁的巧妙组合，则寓意着群星拱卫象征天地的乾、坤二宫，“乾坤日月明，四海皆升平”。

不仅是宫殿的设计与布局，就连宫殿与宫门的命名，也都充满象征意味。例如外朝三大殿初建时沿用南京皇宫旧称，分别为奉天殿、华盖殿、谨身殿。“奉天”见于《尚书》“唯天惠民，唯辟奉天”，这里的“天”非指上帝，而是宇宙的主宰者和万物的造化者。以奉天命名皇帝的金銮殿，意在说明皇帝是奉承天命来主宰万方的。华盖是紫微垣中的一个星座，圆形，有柄。它位于紫宫的后门，高居天皇星之上，像华盖一样覆遮着天皇星。华盖殿初建时为圆顶，显然是护卫皇权的象征。“谨身”源自《孝经》中：“用天之道，分地之利，谨身节用，以养父

皇极殿

母，此庶人之孝也。”意在教育参加殿试的举子们谨身节用，以孝为本。后来，明世宗朱厚熜依据《尚书》“皇建其有极”，将三大殿改名为皇极殿、中极殿、建极殿。在他看来，天子要治国安民，必须建立至高无上的伦理道德标准，因此，建极殿象征着最高道德标准的建立，而皇极殿则是实行这种标准的殿堂。后三宫的命名亦如此。《周易·说卦》认为：“乾，天也，故称呼父。坤，地也，故称呼母。”因此，乾清宫为内廷中皇帝的正宫，坤宁宫为内廷中皇后的正宫，并以乾清、坤宁象征天地清宁，国泰民安。此外，紫禁城宫门的命名，也是以象征手法来烘托建筑主题的。承天门表示皇权承受天命之意，不言自明。午门的寓意更为深刻，作为紫禁城的正门，午门位于子午，意为正午的太阳，光芒四射，照耀宇宙万物，象征天子驾驭万民，恩泽四方。北宫门称玄武门，用中国古代神话中的四方神之一玄武神来命名，则象征着在这位身披鳞甲，勇猛无比的北方之神的护卫下，江山社稷永固长存。

中国古建筑造型，最引人注目的莫过于飞檐翘角的大屋顶。早在先秦时期，建筑物的屋顶就“如鸟斯革，如翚斯飞”，好像一只展翅欲飞大鸟的双翼。屋顶形式多种多样，以重檐庑殿最为尊贵，下分重檐歇

故宫屋檐上的神兽

故宫太和殿屋顶角上的装饰神兽有10个，重脊前为骑凤仙人，其后依次为龙、凤、狮子、海马、天马、狎鱼、狻猊、獬豸、斗牛、行什。装饰物越多，建筑等级越高。太和殿是唯一有10个饰物的建筑。

山、单檐庑殿、单檐歇山、悬山等几个等级。这些样式各异、造型优美的屋顶，加上轻盈的正檐翘角、绚丽的琉璃彩瓦、多姿的雕花脊瓦以及各式各样的仙人走兽，不仅使建筑形体巍峨壮观、气势辉煌，而且显示出中国古代建筑的独特性格。紫禁城的角楼，就是凭借屋顶的巧妙组合而取胜，堪称中国建筑造型美的杰作。角楼的平面呈十字形，屋顶为四面歇山式，上披各种特制的异形琉璃瓦，中置鎏金宝顶，四面又有重檐歇山顶。这四座形制复杂、造型奇特的角楼，犹如四顶璀璨的桂冠，光芒四射地耸立在紫禁城四角，为宫城增添雄奇壮美的景象。奉天殿的屋顶是古建筑中最高等级的重檐庑殿式，象征皇权至高无上的地位。

宫殿殿脊两端踞坐的吻兽，这些古建筑中不可缺少的结构瓦件，既是宫殿的装饰，又具有某种象征意义。例如凤为飞禽之首，是祥瑞的象征；狮子是佛教中的护法王，忠勇威严；天马、海马、狻猊、獬豸是龙

紫禁城宫殿殿脊两端的吻兽

种，都是勇猛之兽。

至于象征皇权的龙的图案与装饰，更是遍布紫禁城宫殿的房顶、门窗、梁柱、天花、台阶、栏杆，到处都是龙飞凤舞（凤代表皇后）。龙的造型千变万化，数不胜数，有石雕龙、木刻龙、铜龙、铁龙、琉璃龙、彩绘龙，等等。承天门前后的两对蟠龙华表为典型实例，华表建于永乐年间，每个重达 4 万斤（1 斤 =0.5 千克）。在八角形石座上，矗立高 10 米的石柱，柱上雕刻精美的巨龙盘旋而上，使华表显得雄伟壮观。华表顶端的承露盘上雕刻石犼（hǒu，传说是龙生的九子之一，有守望的习性）。据说，面朝北的石犼称望君出，它们提醒皇帝不要久居宫廷闭门不出，应该经常出宫体察民情；面朝南的石犼称望君归，它们注视着皇帝外出时的行为，提醒皇帝不要长期在外游逛，要及早回宫处理朝政。奉天殿中央东西排列着 6 根蟠龙金柱，每根巨柱上都缠有一条飞腾的蟠龙，昂首张须，造型精美。此外，如承天门前御路桥白石栏杆上雕刻的蟠龙望柱，承天门屋脊上装饰的九脊封十龙鸱吻，三大殿台基望

紫禁城建筑色彩

柱下边的石雕龙头，奉天殿门窗镌刻的龙图案以及门楣、额枋、斗拱、匾额上的雕龙彩绘，到处都是象征“真龙天子”的龙的形象。据估算，仅以紫禁城 9 999 间半宫殿殿脊上的龙计算，如果每殿有 6 条脊龙，就有近 6 万条龙，再加上其他的龙的装饰和图案，紫禁城简直成为龙的世界。

紫禁城宫殿还利用色彩体现建筑的象征意义。中国古代建筑中，色彩的运用有着严格的等级差别。明代以黄色为最尊贵的颜色，因此，紫禁城宫殿一律使用黄琉璃瓦。这样，在北京城百官民居一片灰黑屋顶的衬托下，紫禁城宫殿建筑灿烂辉煌，显得无比庄重豪华。至于红色的墙、柱和装修，也是宫殿建筑专用的色彩。这些色彩的运用，象征着宫殿建筑唯我独尊的崇高地位。红色的墙壁、红漆的柱子、白色的雕栏、黄灿灿的屋顶，给矗立在汉白玉台基上巍峨壮观的宫殿披上金碧辉煌的盛装，使紫禁城建筑群光彩夺目，产生强烈的艺术效果。

建筑艺术形象的主要特征，是正面表现社会和时代的审美理想，以直观的形式显示社会物质文明和精神文明的发展水平。法国大文豪雨果把建筑称为“石头的史书”，认为建筑蕴含着深刻的历史文化内涵。苏联美学家鲍列夫认为：“人们习惯于把建筑称作世界的编年史：当歌曲和传说都已沉寂，已无任何东西能使人们回想起一去不返的古代民族时，只有建筑还在说话。在‘石书’的篇页上记载着人类历史的时代。”[①] 驰名中外的紫禁城宫殿建筑，正是以其无与伦比的建筑艺术成就，体现了明代建筑的最高水平，为后人留下一座不朽的历史文化丰碑。

① 鲍列夫《美学》，中国文联出版公司，1986年版，第415页。

第三章 >>>

坛庙建筑

3

坛庙是中国古代的祭祀建筑。坛庙设祭，起源于氏族社会原始宗教仪式，是原始人为求得自然（天）与人之间和谐关系的一种精神活动。在“万物有灵”观念的支配下，原始人把各种自然现象和自然物想象成同人一样具有知觉和感情的存在，并赋予它们生命意识和超人的力量。这样，人类就把自身的生死祸福同自然的力量联系起来，祈求神灵恩赐保佑，试图凭借着巨大的神力来实现人类在自然现实中所达不到的愿望。于是，原始人相信天是宇宙万物至高无上的主宰，而日月星辰、风雨雷电、山川河流等自然物都各有其神，由他们支配着农作物的丰歉和人间的祸福，由此产生对天地、鬼神、祖先等的崇拜活动。后来，这种崇拜自然神和崇拜祖先的祭祀活动被纳入阶级社会的礼制之中，修建了许多祭祀性的礼制建筑，如天坛、地坛、日坛、月坛、风神庙、雷神庙、太庙、家庙、名人祠等。祭祀的神灵、祖先有等级差别，坛庙也有相应的等级制度，并制定一套与之相适应的建筑制度。

朱元璋建立明朝后，于洪武元年（1368）命中书省暨翰林院、太常寺等定拟典祀。据《明史卷四十七・礼一》载："明初以圜丘、方泽、宗庙、社稷、朝日、夕月、先农为大祀，太岁、星辰、风云、雷雨、岳镇、海渎、山川、历代帝王、先师、旗纛（dào，古代军队或仪仗队的大旗）、司中、司命、司民、司禄、寿星为中祀，诸神为小祀。后改先农、朝日、夕月为中祀。凡天子所亲祀者：天地、宗庙、社稷、山川，若国有大事，则命官祭告。其中祀、小祀皆遣官致祭，而帝王陵庙及孔子庙则传制特遣焉。"为举行这些祭祀活动，在北京和全国各地修建大批坛庙建筑，其中最著名的是北京天坛、社稷坛、太庙、历代帝王庙、地坛、日坛、月坛、先农坛、曲阜孔庙、三苏祠、包公祠等。

第一节 坛

>>>

坛是用泥土或石头在平地修筑的台型建筑，用来对天、地、日、月等自然神进行祭祀活动。中国古代有"苍壁礼天，黄琮礼地"的说法，是说祭天时要面向苍天，祭地时要面对大地。因此，祭祀天地的仪式，一定要在露天的坛上举行。祭天的坛为圆形，称圜丘；祭地的坛为方形，称方泽。祭天是古代最隆重的祭祀活动。皇帝每年冬至都要祭天，如《周礼・大司乐》："冬至日祀天于地上之圜丘。"皇帝登基也要祭告天地，表示其"受命于天"。天包括日月星辰，便有天坛、日坛、月坛之分。此外，还要祭社稷。社稷是土地之神。社者，五土之神，五种颜色的土覆盖坛面，称五色土，用来象征国土；稷者，原隰之神，即能生长五谷的土地神祇。因此，“社”和“稷”加起来便是农业之神，而在以农立国的封建社会，社稷就是国家的代名词。

在中国古代的都城建设中，修筑祭天拜地的坛是必不可少的重要项目，尤其是天坛、地坛、日坛、月坛的设计与施工，更是一件十分隆重的事情。明代北京的天、地、日、月四坛是按照天南、地北、日东、月西的古训来设计的。明初建都南京，实行天地合祭，建大祀殿；后迁都北京，仍建合祭大祀殿。嘉靖九年（1530），依照古训将天地合祭改为天地分祭，改大祀殿为祈谷坛，另建圜丘为祭天之坛，并在城北增建方泽坛（地坛）。此外，还相继建造社稷坛、先农坛、先蚕坛等祭祀建筑。

一、天坛

天坛位于北京中轴线南端的永定门内东侧，是明代皇帝孟春祈谷、夏至祈雨、冬至祀天的圣地。始建于永乐十八年（1420），初名天地坛，嘉靖十三年（1534）改称天坛。它是中国古代祭祀建筑中，保存最完整、艺

天坛建筑群

术水平最高、最具民族特色的建筑群，以设计巧妙，布局严整，色彩瑰丽，造型奇特而著称于世。

（一）巧妙的设计

天坛占地约 273 万平方米，由内外两重墙环绕，形成内坛和外坛。外墙南北 1 650 米，东西 1 680 米；内墙南北 1 243 米，东西 1 046 米。围墙平面接近方形，但北面的围墙高大，呈半圆形，南面的围墙低矮，呈方形。这样的设计体现了中国古代天圆地方的宇宙观。为了附会这种“天圆”观念，连圜丘坛、皇穹宇、祈年殿的平面也设计为圆形，这一系列圆的母题设计，全都象征着“天圆”的建筑主题。

天坛的主体建筑集中排列在内坛的中轴线上。主要建筑祈年殿在北区，圜丘坛在南区，隔成贞门南北对峙，形成天坛建筑群的南北中轴线。祈年殿前有祈年门，后有皇乾陵；圜丘坛北面建有皇穹宇。两坛之间，有一条长 360 米、宽 30 米的砖砌高甬道，称作丹陛桥，将南北两座建筑物连为一体。丹陛桥南端高 1 米，由南向北逐渐升高至 4 米，象征着这是一条人间与天宫相接的海墁大道。站在丹陛桥上，南看皇穹宇，北望祈年殿，脚下是苍松翠柏簇拥着的一层层汉白玉殿

天坛丹陛桥

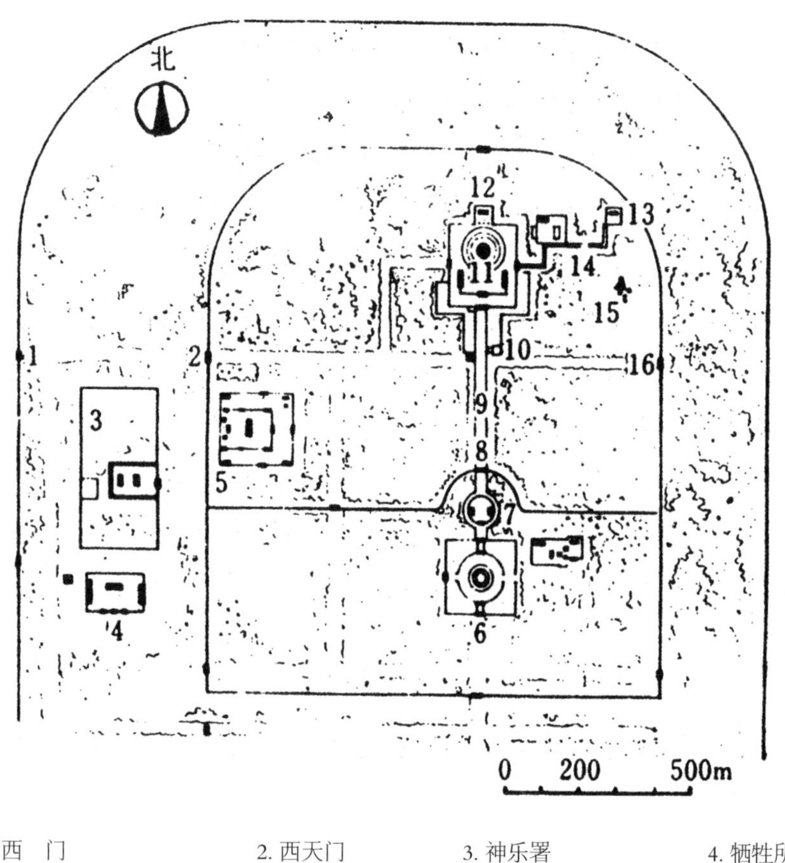

1. 西　门　2. 西天门　3. 神乐署　4. 牺牲所
5. 斋　宫　6. 圜　丘　7. 皇穹宇；回音壁　8. 成贞门
9. 丹陛桥（海墁大道）　10. 具服台　11. 祈年殿　12. 皇乾殿
13. 宰牲亭　14. 七十二长廊　15. 七星石　16. 东　门

| 天坛平面图 |

基，头顶是一望无际的蓝天白云。在这肃穆静谧、空旷神秘的环境之中，人们犹如遨游于云端宫阙，置身于天界之中。这种天人感应的特殊审美效果，正是由天坛巧妙的设计而产生的。可见，"用有形的建筑实体表现无形的天宇，用具象的造型阐述抽象的概念，是天坛的艺术成就"①。

① 杨辛《青年美育手册》，河北人民出版社，1987 年版，第 265 页。

（二）祈年殿

祈年殿，又称祈谷坛，是天坛最负盛名的建筑。每年正月上辛日皇帝在此举行祈谷礼。始建于永乐十八年，系仿照南京天地坛中的大祀殿而建造的一座 12 间结构的长方形大殿，初名大祀殿。大殿东西两庑建有 32 间贮藏祭品的神库。嘉靖二十四年（1545），拆除长方形大殿和东西两庑，改建成鎏金宝顶三重檐攒尖顶圆形宫殿，改称大享殿［清乾隆十六年（1751）改名祈年殿］，表示祈祷丰年，大享天下。

祈年殿矗立在一座高 6 米，面积 5 900 平方米的圆形汉白玉台基

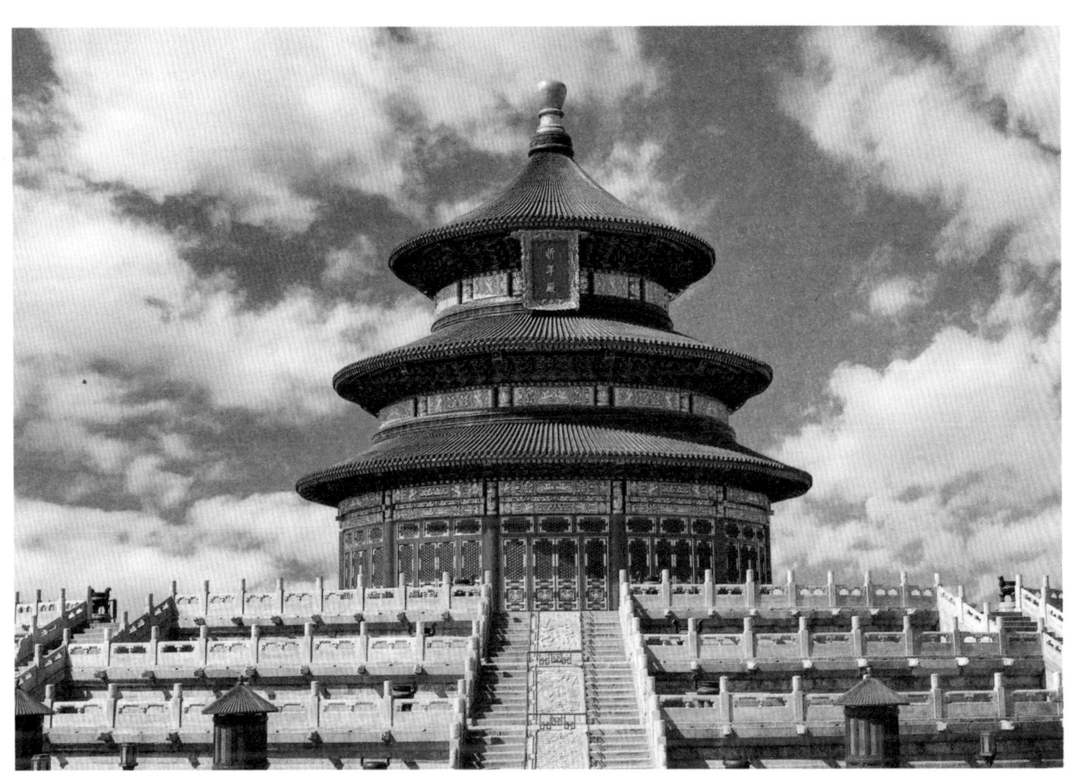

天坛祈年殿

祈年殿建于明代永乐十八年，初名大祀殿，为一矩形大殿，用于合祀天、地。殿顶覆盖上青、中黄、下绿三色琉璃，寓意天、地、万物，内部开间还分别寓意四季、十二月、十二时辰及周天星宿，是古代明堂式建筑仅存的一例。

天坛祈年殿局部

上。台基分为3层，每层都围以雕琢精致的汉白玉栏杆和云龙望柱，南北台阶中间各有3块云龙巨石，上层为龙纹，中层为凤纹，下层为云纹，造型生动，雕刻精美。祈年殿高38米，直径32.72米，3层圆顶均用琉璃瓦覆盖。殿的上檐用蓝色琉璃瓦以象征苍天，中层用黄色琉璃瓦以象征土地，下层用绿色琉璃瓦以象征万物（清乾隆十六年改建时将3层檐都改成蓝色琉璃瓦）。

祈年殿的构思独具匠心。殿内没有大梁和长檩，檐顶重量全部由木柱和枋桷支撑。中央是4根高19.2米，直径1.2米的龙井柱，支撑上层圆顶，中层12根金柱支撑中檐，外层12根檐柱支撑下檐。这些柱子的数目，分别象征一年四季、十二个月和十二时辰（24小时）；中外层24柱象征二十四节气；三层共28柱象征周天二十八宿；再加上顶柱的8根童柱，共36柱，象征三十六天罡；宝顶下的雷公柱象征皇帝一统天下。殿内处处描金绘彩，显得富丽堂皇，气势非凡。柱子全用朱红髹饰，额枋上装饰彩画。殿顶中央的圆形藻井，满刻龙凤，四周是描金彩画的天花。大殿正中放置一块带天然龙凤花纹的圆形大理石，与殿顶的蟠龙藻井遥相呼应，妙趣横生。大殿中央是供奉皇天上帝牌位的宝座，宝座东侧是供奉皇帝祖先牌位的坐轿，西侧是桦木围屏和供皇帝祭祀时休息用的硬木宝座。

天坛祈年殿藻井

祈年殿结构精巧，造型奇特。殿内空间逐层升高，向中心聚拢；而外形台基和殿檐则逐层收缩上举，内外建筑和谐一致，形成强烈的向上涌动感，从而体现皇天在上、与天相接的建筑主题。中国古代建筑以群体取胜，然而，祈年殿却在四周一片空旷之中，以单座建筑的造型来创造激荡人心的感染力。这正是它独特的艺术魅力。正如一位建筑美学家称赞的那样：

> 在湛蓝的天空下，三层洁白的圆台托着一座比例端庄，色调典丽的圆殿，特别是那碧蓝的屋顶和鎏金宝顶，给人的印象异常深刻……（它）以完美的比例、造型、色彩、工艺给人以高度的美的享受，在那优美的造型里，又契合着充实、圆满、无限、和谐、开阔、晶莹、崇高……审美的理想。它完整地体现了人们对“天”的认识，它的象征含义完全融合到造型美中间去了。①

---

① 王世仁《明堂美学观》，载《中国文化》第4辑。

祈年殿前面是祈年门，与左右配殿及围墙连起来，形成殿前广场。低矮的配殿，开阔的广场，有力衬托了祈年殿的雄伟和威严。

（三）圜丘坛

圜丘坛是皇帝举行祭天仪式的祀坛，又称祭天台、拜天台。始建于嘉靖九年。《周礼·春官·大司乐》载："冬日至，于地上之圜丘奏之。"这是说，周天子每年冬至祭天时，都在圜丘上演奏乐舞。至于在圜丘上举行祭天大礼的原因，唐代贾公彦的解释是："土之高者曰丘，取自然之丘圜者，象天圜也。"古人认为，天是圆的，地是方的，在荒野择一圆丘对空而祭，便可与天帝相通。所以，坛体是一座露天的圆形石台。初建时，坛面及护栏均用蓝色琉璃砖砌筑［清乾隆十四年（1749）将坛面改为艾叶青石］，四面方墙辟有四个天门，即昭宁、泰元、成贞、广利。

圜丘坛是一座三层石砌的圆台，每层四面各有九级台阶，周边都有石雕栏板和望柱，雕刻精细的云龙图案。坛上所有的栏板、望柱及台阶数目，均与九字密切相关。古人认为，圜丘是祭天的地方，建筑尺寸只能使用"天数"，不能用"地数"。古代把一、三、五、七、九等单数称为"阳数"，又叫"天数"。九是阳数中最高的，所以用九或九的倍

天坛圜丘坛

数来表示天体的至高至大。例如，台面直径，顶层九丈，为“一九”，中层十五丈，为“三五”，下层二十一丈，为“三七”，全是“天数”。三层合计四十五丈，为“五九”，正合《周易》“九五，飞龙在天，利见大人”的吉兆。上层坛面中心是一块圆形大理石，俗称“天心石”，外围铺九圈扇面形状的石板，第一圈9块，第二圈18块，第三圈27块……依次类推，到第九圈是81块。中层和下层也各为9圈，各圈递增9块，到最下层第二十七圈是243块，三层共用石3 402块。每圈的石块数和每层的圈数都是9的倍数，四面栏板也为9的倍数。上层栏板72块，中层108块，下层180块，共360块，合360周天度数。整座圜丘造型优美，结构精巧，寓意丰富，突出表现了天的无上权威和祭天的崇高神秘，在建筑艺术上独具特色。

圜丘坛外建有两重低矮的壝（wéi，坛的统称）墙。外壝方形，内壝圆形，象征着天圆地方。外壝四面各设一座汉白玉四柱棂星门，用以衬托圜丘坛的庄严稳重。

为进一步体现天的权威，展示天子与天帝之间的特殊关系，圜丘坛还有一种奇特的声学现象。当人站在坛面中心的天心石说话时，会听到响亮的回声，而站在圆心以外的人却没有这种感觉。这是因为声波传到四周石栏板后迅速反射回来，同时到达圆心，使声音加强。如果不站在圆心，反射声波就不能同时到达。当然，祭天的皇帝并不懂此道理，而把这当作天下臣民对朝廷的归心和响应，将天心石称为亿兆景从石。

圜丘坛北面的皇穹宇，是存放圜丘祭祀神“皇天上帝”牌位的地方。东西配殿分别供奉日月星辰、云雨风神诸神牌位。始建于嘉靖九年，初名泰坤殿，嘉靖十七年（1538）改称皇穹宇。初建时为重檐圆攒尖顶建筑［清乾隆十七年（1752）改为单檐圆攒尖顶］，覆盖蓝色琉璃瓦，中央为金色宝顶。殿高19.5米，底部直径为15.6米，坐落在洁白的单层须弥座石台基上，陛三出，14级。整个殿宇用8根檐柱支撑屋檐，8根金柱支撑屋顶。殿顶内采用多层斗拱组成的三层天花藻井，梁枋和天花上装饰龙凤纹彩画，顶部中央为巨大的金色盘龙，工

天坛皇穹宇

皇穹宇内景

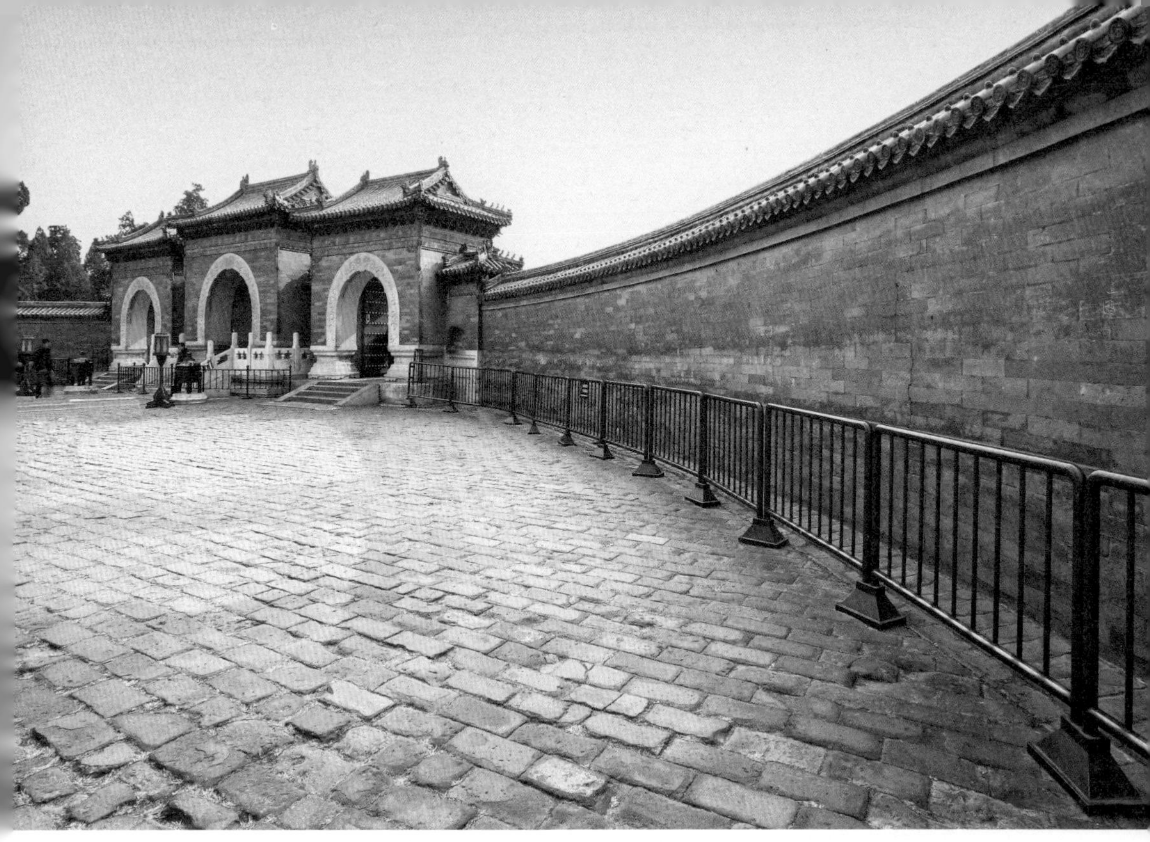

天坛回音壁

整精致，色彩绚丽，为中国古建筑中极精美的天花藻井。整座大殿结构精巧合理，造型瑰丽奇特，远远望去，如同一把巨大的金顶蓝宝石伞。

皇穹宇外面有一道圆形围墙，由于内侧墙面平整光洁，声音可沿内弧反射传递，被称为回音壁。皇穹宇丹陛前铺放着 3 块石板，站在第三块石板上，拍一下手，即可听到连续 3 声回响，被称为三音石。这似乎是来自天上的声音，其实它的原理同回音壁一样，也是声音反射。三音石设在圆形围墙的圆心部位，击掌声均匀地传播到围墙后，被围墙反射回来的声音会聚在圆心，所以声音特别洪亮。反射后的回声通过圆心继续传播，碰到对面围墙又反射回来，便听到第二声、第三声回响。这是中国古代把声学原理与建筑艺术巧妙结合的范例。

（四）斋宫与神乐署

斋宫位于天坛西天门南侧，是皇帝行祭前的斋戒处。始建于永乐

天坛斋宫

十八年，嘉靖九年加以扩建。古代的斋宫，本为席幔帷幕做的临时住所，称为青城，明代始建成宫殿式的固定住所。斋宫面积为 4 万平方米。宫墙四周环绕一条宽 11.5 米，深 3.25 米的御沟。建有两重宫墙，外墙周围有回廊 163 间。宫内有 5 间正殿、5 间寝殿，正殿为拱券形砖石结构，俗称无梁殿。殿前月台上有时辰牌位亭和斋戒铜人亭，据说铜人是仿照唐代著名诤臣魏征的形象铸造的。宫内还有宿卫房、值守房、什物房、点心房、茶果房、御膳房。东北角有一座钟楼，内悬一口永乐年铸造的太和钟。

神乐署在斋宫的西面，是专门培训祭典乐队的机构。始建于永乐十八年，称为神乐观（清代改称神乐署）。前殿为 3 间正殿，绿琉璃瓦歇山顶，两侧环绕 19 间转角廊庑。后院有 7 间显佑殿，左右各有 3 间配殿。

斋宫和神乐署并非天坛的主要建筑，而且建在远离天坛南北中轴线的西门附近，但由于天坛的建筑密度极低，在空旷寂静的天坛里面，这

天坛神乐署

两组具有皇家水准的建筑与东部的主体建筑遥相呼应，成为主体建筑的有力陪衬。

二、社稷坛

社稷坛是明代皇帝祭祀土地神和五谷神的地方。它位于北京紫禁城外西南方，隔午门前御道与太庙相对，是按照左祖右社的传统布局建造的。如此设置，既便于皇帝祭祀，又把紫禁城宫殿烘托得更加雄伟壮观。

社稷坛的原址是辽金时燕京东北郊的兴国寺，元代改称万寿兴国寺。明永乐十八年（1420），在此建社稷坛。据《大明会典》记载，其形制仿照洪武十年（1377）建造的南京社稷坛。坛区面积 23 万平方米，大于太庙。建有两重围墙。外重墙称垣墙，南北 267.9 米，东西 206.7 米，四面中心辟砖券洞门。祭祀社稷与祭天、祭祖不同，是由北面南设祭，因此，社稷坛的正门建在北面，享殿、拜殿也在北面。这种布局，

社稷坛

与天坛、太庙正好相反。内重墙称壝墙，用四色琉璃砖砌，并按方向覆四色琉璃瓦。壝墙为正方形，每面宽 61.55 米，四面各建一座棂星门，代表“天子辟四门”。

社稷坛主体建筑为一方形大平坛，建造在壝墙内正中。坛用汉白玉石砌筑，高 3 层，顶宽 15.92 米，底宽 17.64 米。坛面依东西南北中五行方位，分别铺有青红白黑黄五色土，象征“普天之下，莫非王土”。坛面中央埋设社主石。每年春、秋季的第二个月上戊日，皇帝都要来此祭祀太社（土地神）和太稷（五谷神）。

社稷坛北建有拜殿和享殿，两殿前后相重，均面阔 5 间，宽 34.75 米。拜殿是皇帝祭祀时休息的地方，如祭日遇雨，就在此殿行祭礼。殿内无天花板，所有梁枋、斗拱全部外露，梁架一览无余，具有典型的明代建筑风格。

坛内神厨、神库、宰牲亭等附属建筑均建在西棂星门外，建筑布局与天坛正好相反。坛内植有上千株松柏，树龄均数百年。来今雨轩旁有 7 棵辽金时的柏树，树干周长最粗达 6 米。还有一对槐树和柏树拥抱而生，称为槐柏合抱，颇为壮观。

三、地坛

地坛，又称方泽坛，位于北京安定门外，是夏至日皇帝祭祀地祇神的地方。祭地仪式古已有之，如《周礼·春官·大司乐》有“夏至于泽中之方丘奏之”的记载。可见，周代已有祭地于泽中方丘的制度。

地坛始建于嘉靖九年（1530）。主体建筑方泽坛是一座汉白玉石砌筑的二层方台。上层边长 19.2 米，下层边长 33.9 米，均高 1.92 米，每层四面各有八级台阶。坛的四周为石砌水池，即方泽，池西南角西壁有石雕龙头吐水。坛的顶面铺设象征六合之数的墁石。坛南左右设有凿成山形的石座，象征五岳（东岳泰山、南岳衡山、西岳华山、北岳恒山、中岳嵩山），五镇（东镇青州沂山、南镇扬州会稽山、西镇雍州吴山、北镇幽州医巫闾山、中镇冀州霍山），五陵山（基运山、翔圣山、神烈山、天寿山、纯德山）。坛北左右设有凿成水形的石座，象征四海（东

方泽坛

海、南海、西海、北海），四渎（东渎大淮、南渎大江、西渎大河、北渎大济）。坛外有两重方形垣墙。坛南有皇祇室，面阔5间，黄琉璃瓦顶，是平时供奉地祇神位的场所。坛西有神库、神厨、宰牲亭等附属建筑。坛西北有斋宫，正殿7间，南北各有配殿7间，为祭祀前皇帝斋戒的地方。坛北有钟鼓楼（已拆除）。这座坛庙是我国现存唯一的祭地之坛。

四、日坛

日坛，又称朝日坛，位于北京朝阳门外，是春分日皇帝祭祀大明神（太阳）的地方。

日坛始建于嘉靖九年（1530），按天地日月四郊分祭之制建造。主体建筑是白石砌筑的方台。台边长16米，高1.89米，西向，四边各有9级台阶。坛面原为红琉璃砖墁砌，以象征太阳，清代改为方砖。坛四周建有圆形垣墙。坛内有棂星门、神库、神厨、宰牲亭、钟楼等附属建

日　坛

筑。坛西北的具服殿，是皇帝祭祀时休息和更衣的地方。按明代制度，凡遇甲、丙、戊、庚、壬年，皇帝在春分日出时（寅时）亲自行祭礼，其余年份可派大臣代祭。

五、月坛

月坛，又称夕月坛，位于北京阜成门外南礼士路，是秋分日皇帝祭祀夜明神（月亮）的地方，与日坛东西相对。

月坛是嘉靖九年（1530）按天地日月四郊分祭的制度建造的。主体建筑是一座白石砌筑的方台。台边长 12.8 米，高 1.47 米，东向，四边各有 6 级台阶。坛面原铺砌白琉璃砖，以象征月亮，清代改为方砖。坛周围有方形垣墙环绕。坛内建有具服殿、神库、宰牲亭、钟楼、棂星门等附属建筑。明代制度规定，凡丑、辰、未、戌年的秋分日，由皇帝亲自行祭礼，其余年份由大臣代祭。配祀之神有二十八宿及金、木、水、火、土五星。

月坛具服殿

六、先农坛

先农坛位于北京前门外天桥西南，与天坛相对，是皇帝祭祀先农神的地方。

永乐十八年（1420），在此建山川坛，祭祀太岁、风云雷雨、五岳、五镇、四海、四渎、天寿山、京畿山川、都城隍等神祇。嘉靖九年（1530），按京师四郊分祀之制，重建先农坛。

先农神坛是一座砖砌方形平台。平台边长15米，高1.5米，南向，四边各有8级台阶。坛北有正殿5间，供奉先农神牌。正殿东、西建有神库和神厨，各5间；南面是两座东西相对的六角绿顶井亭；东北为太岁殿。太岁殿正殿7间，南向，专祀太岁神；东、西各有11间配殿，分祀月将神。太岁殿西南的观耕台，是皇帝祭祀先农神后行耕耤礼的地方。台为方形，边长16米，高1.5米，台面铺砌方砖，四周环绕汉白玉石护栏。观耕台北有具服殿，东北有神仓。东门外的斋宫是皇帝行耕耤礼后休息的场所。斋宫正殿5间，寝殿5间，左右配殿各3间。正殿前出月台，台上设置日晷和时辰牌亭，四周护以汉白玉石栏。斋宫东南建有钟楼。

先农坛

第二节
庙

>>>

庙，又称宗庙，是中国古代祭祀祖先或圣贤的礼制建筑。在中国长期的封建社会中，形成一套完整的宗法礼制，以神化皇权，体现皇帝的至尊至贵，维护封建统治。宗庙建筑，正是按照宗法礼制要求来建造的一种满足人们精神需求的礼制建筑。《礼记》对宗庙建筑有严格的规定："天子七庙，三昭三穆，与太祖之庙而七。诸侯五庙，二昭二穆，与太祖之庙五。大夫三庙，一昭一穆，与太祖之庙三。士一庙，庶人祭于寝。"昭，即祖先的二、四、六世，在宗庙中奉祀于左边；穆，则是祖先的三、五、七世，奉祀于宗庙的右边。

中国古代帝王祭祀祖先的宗庙称太庙，是等级最高的礼制建筑。按周制，太庙位于宫城正门前左（东）侧。殷墟、二里头、周原等处均为古代宗庙的遗址。历代宗庙形制有所不同，据史料记载，夏代 5 庙，商代 7 庙，周代 7 庙，此乃一帝一庙；自魏晋起改为一庙多室，每室分别供一代皇帝的形制。明代，坛与庙是礼制建筑的两大系统，二者的功能分得十分清楚：坛是祭天拜地及祈求丰年的祭祀建筑，庙是祭祀祖先及奉祀圣贤的专用场所。北京太庙是明代皇帝的祖庙。

除了皇帝的宗庙，王公大臣、官宦世家及各级官吏按制度也设家庙，其位置在宅第东侧。家庙，又称影堂，《朱子家礼》称为祠堂。家庙除祭祀祖先外，还具有教化、集合等功用，如宗族大事常在祠堂内议论。明代，祠堂遍布全国各地，且建筑规模较大，并附设义学、义仓、戏楼等，形成庞大的建筑群。

孔庙是中国古代最重要的奉祀圣贤的礼制建筑。

自汉代起，已在孔丘故居鲁城阙里建造孔庙，后各地孔庙均以此为典范。明代，依旧制对曲阜孔庙、北京孔庙进行重建。各地还奉祀名臣、贤人，建造供奉他们偶像的名人祠，成为具有地方特色的祭祀性建筑。

一、太庙

帝王祭祀祖先的场所称太庙，源自《易经》中“易有大（太）极，是生两仪，两仪生四象，四象生八卦”的哲学思想。东汉许慎解释：“唯初大极，道立于一，造分天地，化成万物。”显然，古人是将“太”看作至高无上的原始，所以才把皇帝祭祖的庙命名为太庙。

明代太庙位于北京紫禁城承天门东侧。始建于永乐十八年（1420），是按照洪武年间南京太庙的规制建造的。明成祖定都北京修建紫禁城时，即把太庙、社稷坛规划在其中了。在承天门内、端门前，东庑一门为太庙门，西庑一门为社稷坛门，这种布局正是沿袭中国古代都城设计

太 庙

中左祖右社的规制。

太庙呈南北方向的长方形，总建筑面积近14万平方米，其建筑布局颇具匠心。整个建筑处于两重又厚又高的围墙包围之中，在内外墙之间的空地上，到处是参天的古柏，南北中轴线上依次排列着3层琉璃砖门、石桥、戟门和3座大殿。封闭的围墙，浓密的古柏，使主体建筑处于与外界隔绝的环境之中，从而形成庄严肃穆的祭祀气氛。

外重墙南北长269.5米，东西宽205米，正门是一座琉璃砖门。进门后迎面是7座单孔石桥，各桥两侧围有汉白玉护栏。7座桥东西排列，东西两端的桥北，各建一座黄琉璃瓦盝顶六角井亭。内重墙南北长204.5米，东西宽113米。正门是一座7开间的门楼，因门外原陈设120支戟，故称戟门。戟门屋顶曲线平缓，出檐较多，具有明显的明代建筑特色。戟门外是太庙的主体建筑前殿。前殿是皇帝祭祀时行礼的地方，建在三重汉白玉须弥座台基上，面阔9间（清乾隆年间改为11间），进深4间，重檐庑殿黄琉璃瓦屋顶，建筑面积达2 240平方米。显然，前殿的建筑等级与紫禁城奉天殿相同，体现出明代皇帝对祖先的崇拜。为取得祭祀性效果，前殿的主要梁柱都包镶沉香木，其余木构件均用金丝楠木制作，明间和次间的殿顶、天花、四柱皆贴赤金花，不施彩画，地面铺设特制的金砖（大型方砖）。前殿的须弥座台基上，每层都环绕汉白玉护栏，望柱雕饰龙凤纹。正面的白石丹陛上，雕刻着狮子滚绣球、海水、海兽等纹饰。前殿两侧各建有15间连檐通脊的廊庑，使巍峨的前殿显得气势磅礴。东庑供奉有功的皇族神位，西庑供奉功勋卓著的大臣神位。

太庙初建时，内重墙内只有前殿和寝殿。寝殿面阔9间，黄琉璃瓦庑殿顶。成化二十三年（1487），明宪宗朱见深死后，因寝殿九室已满，决定在寝殿后面增建后殿，用来安置由寝殿祧迁的远祖神位。弘治四年（1491），后殿竣工。后殿自成院落，以一道红墙与前面两殿隔开，由此形成前中后三殿相重的布局。

太庙建筑是典型的中国古代建筑空间群体，主体建筑的对称与庄严，大面积参天古柏包围祭祀主建筑群的建筑布局，完全服从于崇祖的建筑功能。太庙的崇祖祭祀活动频繁，每年四月初一、七月初一、十月初一、皇帝生辰忌日、清明节、七月十五、岁末，都要举行隆重的祭典。明末，李自成攻占北京后，放火烧毁太庙。此后，太庙虽经清代多次修缮改建，但形制和木石部分基本保持明代结构，成为北京现存最完整的明代建筑群之一，也是中国古代唯一保存下来的太庙建筑。

二、历代帝王庙

历代帝王庙是祭祀古代帝王的场所，在北京西城区阜成门内大街。皇帝在京城立庙，奉祀本朝以前的历代先君先王，始于唐代。唐天宝

历代帝王庙

年间（742—755），正式在京师长安建三皇五帝庙。明成祖朱棣迁都北京后，并未建帝王庙，只是在郊祀时附祭历代帝王。嘉靖十年（1531），中允廖道南建议撤掉永乐年间兴建的灵济宫，在阜成门内保安寺遗址仿南京历代帝王庙建造新庙。在工部侍郎钱如京督工下，工程于当年竣工。嘉靖十一年（1532），明世宗朱厚熜亲临帝王庙祭祀历代帝王，仪式极为隆重。

历代帝王庙南北长 173 米，东西宽 121 米，占地 21 庙。庙四周围有红色高墙，庙门前有一座砖砌琉璃瓦歇山顶照壁，并建有雕刻精美的牌楼（已毁）。庙内正殿称景德崇圣殿，面阔 9 间，绿琉璃筒瓦重檐庑殿顶［清乾隆二十七年（1762）重修时改为黄琉璃瓦］，殿前围有汉白玉栏杆。

景德崇圣殿奉祀历代帝王牌位，两庑配殿祭祀历代名臣功相，但不设塑像。每年春秋两季，都举行隆重的祭典活动，或皇帝亲祭，或派大臣代祭。据《帝京景物略》记载："庙设王不像。庙五室：中三皇伏羲、神农、黄帝座。左帝少昊、帝颛顼、帝喾、帝尧、帝舜座。右禹王、汤王、武王座。又东汉高祖、光武。又西唐太宗、宋太祖，凡十有五帝。庑从祀臣四坛：东一坛九臣，风后、力牧、皋陶、夔、龙、伯夷、伯益、伊尹、傅说。二坛十臣，周公旦、召公奭、太公望、召虎、方叔、张良、萧何、曹参、陈平、周勃。西一坛八臣，邓禹、冯异、诸葛亮、房玄龄、杜如晦、李靖、李晟、郭子仪。二坛五臣，曹彬、潘美、韩世忠、岳飞、张浚。凡三十有二臣。"①

三、孔庙

孔庙是中国古代祭祀儒家创始人孔子的祠庙。孔子（前 551—前 479），名丘，字仲尼，是中国古代著名的思想家、教育家，他的思想成为中国两千多年封建统治的精神支柱。在中国古代建筑中，祭祀孔丘的孔庙遍及全国，特别是宋代以后，除曲阜孔庙外，各省、府、县都建有

---

① ［明］刘侗、于奕正《帝京景物略》，北京古籍出版社，1980 年版，第 181 页。

孔庙（又称文庙）。因此，孔庙是中国古代分布最广、规模最大、最具地方特色的祠庙建筑。

（一）曲阜孔庙

在遍及全国的孔庙中，历史最悠久、规模最宏大、建筑最精美的，是孔子故宅所在地的曲阜孔庙。

春秋周敬王四十二年（前 478），即孔子殁后第二年，鲁哀公下令将孔子旧居改建为庙，岁时奉祀。当时只有庙屋三间，内藏孔丘生前所用的衣、冠、琴、车、书。汉代起，开始在孔子故居鲁城阙里大规模兴建孔庙。据《史记》记载，汉高帝十二年（前 195）十二月，汉高祖刘邦亲临鲁地，用太牢之礼（猪、牛、羊三牲各一）祭祀孔子。此为帝王亲祭孔子的开端。东汉永兴元年（153），汉桓帝刘志下令修孔庙，并派孔和为守庙官，立碑于庙。这是最早由国家为孔子建庙。此后，历代王朝不断加以扩建。唐开元二十七年（739），唐玄宗李隆基

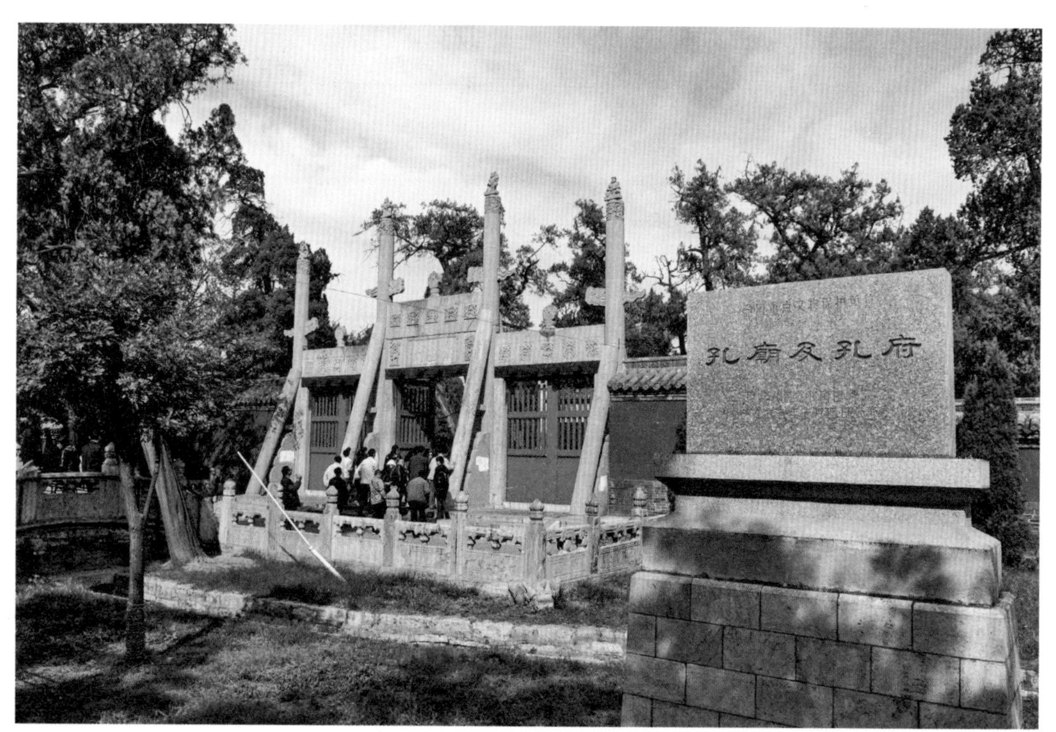

山东曲阜孔庙

追封孔子为文宣王后，孔庙规模益加宏大。据统计，明代重修孔庙多达 21 次，最大的一次是弘治十二年（1499）。当时孔庙遭雷击，大成殿等主要建筑均化为灰烬，明孝宗朱祐樘立即下令重修。此次修建，历时 5 年，耗银 15.2 万两。现存孔庙是明、清两代完成的。这座规模宏大的祠庙建筑，与北京紫禁城、承德避暑山庄并称为“中国三大古建筑群”。

曲阜城以孔庙为中心来构成，这在中国古代城市布局中是罕见的例子。明正德六年（1511），刘六、刘七起义军攻占曲阜城后，焚毁衙门，并进驻孔庙，秣马于庭，污书于池。此后，明武宗朱厚照下令以孔庙为中心重建曲阜城。这样，就使孔庙建筑群位于曲阜城南北中轴线上，孔庙正门面对曲阜城的南门城楼。孔庙南北长 630 米，东西宽 145 米，由南向北的中轴线上，建有 9 进庭院，排列着奎文阁、大成门、大成殿、寝殿、圣迹殿等主要建筑，布局严谨，气势雄伟，宛如帝王宫殿。

孔庙前三进庭院为引导部分，利用重重门坊和墙垣，把狭长的空间分隔成大小不同的横向院落，院中遍植古柏，苍翠浓郁，制造一种纪念气氛。孔庙大门为棂星门，门前立一座“金声玉振”石牌坊。其名源自《孟子》：“孔子之谓集大成。集大成者，金声而玉振之也。”金声是音乐起奏之钟声，玉振是音乐结束之磬石，金声、玉振表示音乐演奏的全过程，以此象征孔子思想集古代圣贤之大成。牌坊为四楹，石鼓夹抱，四根八角石柱，柱顶装饰莲花宝座，宝座上蹲踞朝天犼雕像。两侧坊额雕饰云龙戏珠，明间坊额刻有“金声玉振”4 个红色大字，为明代著名书法家胡缵宗题写。进入棂星门，迎面是两座汉白玉石坊。南为太和元气坊，建于嘉靖二十三年（1544），坊额题字出自山东巡抚曾铣之手，意谓孔子学说如同天地生育万物一样；北为宣圣庙坊［清雍正七年（1729）改为至圣庙坊］。左右两侧建有两座互相对称的木牌坊，东题“德侔天地”，西题“道冠古今”，盛赞孔子对中华民族的深远影响和伟大贡献。两坊均建于明初，两重飞檐下各有六层斗拱，耸出的昂头多达四五百根。坊下陈列 8 只石雕怪兽：两旁的 4 只朝天犼，怒目扭颈，粗犷古朴；中间的 4 只天禄，披麟甩尾，生动传神。至此，

曲阜孔庙“金声玉振”

进入孔庙正门前的一段前奏始告结束。在前奏部分，除了用牌坊来加强空间的节奏感，主要是用空旷庭院中的苍松古柏来渲染孔庙的肃穆气氛。

孔庙的正门称圣时门，取意孟子称赞孔子为“圣之时者也”。拱门三券，碧瓦歇山顶，前后石阶上雕刻龙陛。门内是一个古柏森森的庭院，一条壁水河横贯院内，河上架3座拱桥。壁水桥北的弘道门，是明代孔庙的大门。弘道门北的大中门，原为宋代孔庙的大门，后经明弘治年间重修。大中门起始为孔庙本身。由大中门进同文门，一座造型奇特，蔚为壮观的楼阁——奎文阁耸立在眼前。这是一座两层楼阁，高23.35米，阔30.1米，深17.62米，黄瓦歇山顶。“奎”是星名，二十八宿之一，为西方白虎之首，由16颗星组成，屈曲相钩，似文字之画，所以《孝经》有“奎主文章”之说。后人进而把奎星作为文官之首。取名奎文阁，意为赞颂孔子为天上奎星。此阁是孔庙的藏书楼，珍藏孔子遗著和历代皇帝的御赐书籍。始建于北宋天禧二年（1018）。自明弘治十七年（1504）重修后，经数百年风雨侵袭和地震摇撼，仍安然无恙，巍然屹立。阁前廊下设置两块石碑，东碑刻有明代诗人李东阳撰写的《奎文阁赋》，西碑刻有《奎文阁重置书籍记》，记载明武宗朱厚照命礼部重修赐书庋藏的情况。阁前碑亭立有4幢明代御碑。每幢碑均高6米，宽2米，碑额雕饰绕日盘旋的蟠龙。阁东南有明宪宗朱见深于成化四年（1468）立的“重修孔子庙碑”，碑高6米，宽2米，龟趺高1.5米。

奎文阁位于孔庙第四进院落北围墙的正中，如同拱卫孔庙主体建筑大成殿的一座门楼。奎文阁后的庭院，立有唐宋以来帝王御制石碑，碑文多为帝王对孔子的追谥加封和拜庙祭祀的记录。院北有5座门并列，由此分三路进入孔庙的主体建筑群：东为崇圣门，通向奉祀孔子上五代祖先的东配殿；中间的大成门和左右的金声门、玉振门通向大成殿，殿内主祭孔子夫妇，并以历代先贤先儒配享从祀；西为启圣门，通向奉祀孔子父母的西配殿。

大成殿是孔庙最雄伟壮观的主殿。殿名取《孟子》“孔子之谓集大成”语义。殿建在两层雕石台基上，高24.8米，面阔9间，进深5间，重檐黄琉璃瓦歇山顶，是仅次于北京紫禁城奉天殿的重要建筑。始建于北宋天禧元年（1017），现存建筑为明代重建。大殿四周回廊下环立的28根高约6米的雕龙石柱，是中国古代建筑雕刻中罕见的艺术珍品。前檐的10根雕饰上下对舞的双龙戏珠，一龙扶摇直上，一龙盘旋而降，中间刻有火焰宝珠，四周是翻滚的云海，柱身下端刻有起伏的山峦和汹涌的波涛。这10根龙柱雕刻精致，造型优美，在阳光闪烁下只见云龙飞舞而不见柱身，是建筑与雕刻融为一体的杰出范例。两山及后檐的18根柱为八棱线刻云龙柱，每面雕刻9条团龙，每柱刻龙72条，总计是1296条神态各异、活灵活现的团龙，装饰着金碧辉煌的大成殿。这些雕刻艺术精品，是徽州民间工匠在明弘治十三年（1500）制作的。

大成殿前的庭院正中，建有一座造型奇特华丽的方亭，称为杏坛，相传是孔子讲学的地方。孔子杏坛设教始见于《庄子·渔父篇》：“孔子游乎缁帷之林，休坐乎杏坛之上，弟子读书，孔子弦歌鼓琴。”北宋

曲阜孔庙大成殿

曲阜孔庙大成殿雕龙石柱

天圣二年（1024）孔子第45代孙孔道辅监修孔庙时，在此处修建一坛，四周遍植杏树，名为杏坛。金代在坛上建亭，明代改建为重檐方亭。杏坛顶檐为十字结脊，四面悬山，显得匀称平衡，再加上黄瓦朱栏，雕梁画栋，更加富丽堂皇。坛前陈列精雕石刻香炉。每逢阳春三月，杏花盛开，幽香满亭，为孔庙增添异彩。

大成殿内正中高悬“至圣先师”匾额，匾下的神龛中供奉孔子彩色塑像。自汉武帝刘彻采纳董仲舒“罢黜百家，独尊儒术”的建议，确立儒学的统治地位后，孔子的地位越来越尊贵。西汉元始一年（1），汉平帝刘衎（kàn）封孔子为“褒成宣尼公”，孔子开始获封号。此后，北魏称孔子为“文圣尼父”；隋尊孔子为“先师尼父”；唐始称孔子为“先圣”，封为文宣王；宋加封孔子为“至圣文宣王”；元再加封孔子为“大成至圣文宣王”；明世宗朱厚熜于嘉靖八年（1529）改称“至圣先师”。受到历代帝王尊崇的孔子塑像，高3.35米，身穿十二章王服，头戴十二旒冠冕，手捧镇圭，一副古代帝王的装扮。龛前两根柱子上各雕一条盘旋的降龙，姿态生动，造型精美。孔子塑像两侧为四配，即复圣颜回、述圣孔伋、宗圣曾参、亚圣孟轲；再外为十二哲，即闵损、冉雍、端木赐、仲由、卜商、有若、冉耕、宰予、冉求、言偃、颛孙师、朱熹。在他们的神龛前设置供桌、香案，上面放着簠（fǔ，古代祭祀时盛谷物的方形器皿）、簋（guǐ，古代盛食物的圆口器具）、笾（biān，古代祭祀时盛果实等的竹器）、爵（jué，古代饮酒用的器皿）等祭祀用的礼器。大成殿东西两侧的两庑，是供奉后世儒家学派中著名人物的场所，如董仲舒、韩愈、王阳明等。这些配享的贤儒原为画像，明成化年间改为木制牌位，供奉在神龛中。大成殿前有宽阔的露台，是祭祀时舞乐的地方，这是与其他祠庙不同之处。每逢孔子诞辰（农历八月二十日），都要在台上表演祭祀乐舞——八佾舞。

大成殿后矗立着供奉孔子夫人亓（qí，姓）官氏的祠庙——寝殿。亓官氏是宋国人，19岁时嫁与孔子，先孔子7年去世。孔子死后，她与孔子一起被祭祀。唐代始建寝殿专祠。寝殿与奎文阁、大成殿被称为孔庙三大建筑。殿面阔7间，进深4间，藻井装饰用金箔贴的团凤，殿前回廊环立22根石柱，柱上雕刻凤凰戏牡丹，形象生动，造型优美。寝殿神龛刻有精美的游龙飞凤图案，龛内木牌上书“至圣先师夫人神位”。龛前设置供桌。

寝殿北面的圣迹殿，是明万历二十年（1592）由巡按御史何出光主持修建的，为孔庙的最后一进院落。殿内壁上刻有120幅描绘孔子生平事迹的图画，称为《圣迹图》。其中包括“宋人伐木”“苛政猛于虎”等一系列为人所熟知的孔子故事，是我国最早的一部有完整故事情节的连环画。殿内收藏的晋代著名画家顾恺之画的《先圣画像》，唐代著名画家吴道子画的《孔子凭几像》，以及宋代著名书法家米芾书写的《大哉孔子赞》，都是弥足珍贵的艺术精品。

承圣门内孔庙东路的建筑，主要有诗礼堂、鲁壁、家庙、礼器库。进入承圣门，第一进庭院的5间正殿为诗礼堂。相传这里是孔子教育儿子孔鲤学诗学礼的地方。原址是孔子生前居住的3间茅屋。孔子死后，鲁哀公下令将这3间茅屋改建为寿堂，作为祭祀孔子的场所。元代在此建庭堂，明弘治十七年（1504）对原庭堂重修扩建后，形成现在的规模。院中种植一株唐槐和两株宋银杏，历经千年风雨，依然枝繁叶茂，遒劲挺拔。院东厢是存放祭祀器物的礼器库。诗礼堂后的水井，相传为孔子生前饮水井，明代在井台四周修建雕花石栏，并立“孔子故宅井”石碑。井东面有一堵高3米，长15米的断墙，形同照壁，是明弘治年间为纪念孔子第九代孙孔鲋藏书而建，壁前石碑上填红隶书“鲁壁”二字。鲁壁后甬道尽头是孔氏家庙［清雍正元年（1723）改称崇圣祠］，供奉孔子五世祖木金父、高祖祁父、曾祖防叔、祖父伯夏、父亲叔梁纥。孔氏家庙后的一进庭院，建有7间正堂，是孔子后代私祭孔子夫妇、孔鲤夫妇、孔伋夫妇的家祠。

启圣门内孔庙西路的启圣殿，是奉祀孔子父母的地方。孔子父亲叔梁纥是鲁国陬邑的大夫，他作战勇敢，力大无比，深受国君信任。在一次战争中，敌人突然将城门放下，企图围杀入城的兵士，恰巧叔梁纥正在城门下，便用手托住城门，掩护兵士突围。孔子年仅3岁，叔梁纥就去世了，母亲颜氏在孔子24岁时故去。北宋大中祥符元年（1008）追封叔梁纥为齐国公，颜氏为鲁国太夫人；元至顺元年（1330）加封叔梁纥为启圣王，颜氏为启圣王太夫人，并设专祠祭祀。启圣殿始建于宋代，后世加以重修。殿为绿瓦庑殿顶，前檐用镌花石柱，中间 2 根柱子雕刻二龙戏珠图案。

曲阜孔庙是中国古代祭祀建筑的杰出代表。虽然孔庙的主体建筑始建于宋代，但经过明代的重新修建，孔庙的建筑规模更加宏大和完备，建筑艺术更加精巧和完美，成为全国各地孔庙仿效的典范。

（二）北京孔庙

全国各地的孔庙，在建筑规模和艺术水平上仅次于曲阜孔庙的，首推北京孔庙。

北京孔庙坐落在安定门外成贤街，始建于元代，明代进行大规模修建。元世祖忽必烈定都燕京（今北京）后，为笼络汉族知识分子，于中统二年（1261）下诏："宣圣庙及所管内书院，有司岁时致祭，月朔拜奠；禁诸官员使臣军马，毋得侵扰亵渎，违者加罪。"忽必烈还下令在北京建宣圣庙祭祀孔子。元大德六年（1302）正式营建北京孔庙，大德十年（1306）竣工，并据左庙右学旧制，于同年在孔庙西侧建国子监。明永乐九年（1411），重建大成殿。宣德四年（1429），修缮大成殿及两庑。万历二十八年（1600），将主要建筑的殿顶换成青色琉璃瓦（清代改换成黄琉璃瓦）。

孔庙有三进院落。第一进大门称先师门。先师门前设有琉璃影壁、下马碑，门内东侧建有碑亭、宰牲亭、井亭，西侧建有碑亭、致斋所。门内两侧排列许多高大的石碑，为元、明进士题名碑。元皇庆三年（1314）开科取士的时候，仿效唐代雁塔题名的遗风，建碑题名，以光宗耀祖。因明代进士往往将元人刻名磨掉而刻上自己的姓名，此处元碑仅剩 3 座。现存明碑有永乐十四年（1416）丙申科至崇祯十六年（1643）癸未科共 77 座。

第二进院落是孔庙的中心庙院。进入大成门后，一条甬道通向孔庙的主体建筑大成殿。大成殿雄伟壮丽，重檐庑殿顶，台基用汉白玉栏杆围绕。殿前石阶左右各 16 级，中间铺设青石浮雕。浮雕长 7 米，宽 2 米，上下各雕刻两对戏珠飞龙，中间是吞云吐雾的蟠龙，造型优美，栩栩如生。大成殿正中供奉孔子的两块牌位，一为明太祖朱元璋所定"大

北京孔庙国子监牌坊

北京孔庙和国子监始建于元代，合于“左庙右学”的古制，分别作为皇帝祭祀孔子的场所和中央最高学府。两组建筑群都采取沿中轴线而建、左右对称的中国传统建筑形式，组成了一套完整、宏伟、壮丽的古代建筑群。三进院落及其建筑有明确的建筑等级差别和功能区域划分，和谐统一地组成一整套皇家祭祀性建筑群落。

成文宣王”，一为明世宗朱厚熜所定“至圣先师”。殿内有配享的“四配”“十二哲”，都是儒家学派的著名代表人物。

大成殿两侧的庑殿各 19 间，是放置从祀的历代先儒哲人牌位的地方。由于历代统治者对各种学说流派看法不同，褒贬的对象各异，因而孔庙中从祀的牌位时常变化。明代，东庑配殿从祀的有澹台灭明等 31 人，先儒左子丘明等 18 人；西庑配殿从祀的有宓子不齐等 31 人，先儒 17 人。

第三进院落的大门为崇圣门，院落的主要建筑是祭祀孔子历代先祖的祠庙——崇圣祠。祠始建于明嘉靖九年（1530），殿顶为绿色琉璃瓦。

万历二十八年，其他建筑均改换青色琉璃瓦，唯崇圣祠维持原状。

在北京孔庙的西面，建有明代最高学府——国子监。始建于元大德十年（1306），是元代蒙古族子弟学习汉语，汉族子弟学习蒙古语及骑射的地方。明初曾改称北平郡学，永乐二年（1404）复称国子监。永乐元年（1403）重建元代崇文阁，改称彝伦堂，作为国子监藏书的地方。宣德四年（1429），在国子监东金吾等三卫的草场建造学舍、开辟菜园，供监生们住宿和食用。万历二十八年，和孔庙一同改装青色琉璃瓦。

北京孔庙大成殿

四、名人祠

名人祠是中国古代纪念性的祠庙建筑。中华民族有五千年的文明史，涌现出众多的英雄豪杰、文化名人。因此，中国古代崇祖的对象，除了自己的祖先，还有本民族的圣贤、英雄，历朝历代的名臣、义士。名人祠就是祭祀这些崇高偶像的场所。除祭祀孔子的孔庙外，各地还建造许多具有地方特色的名人祠，如孟庙、屈子祠、关帝庙、岳王庙等。明代是汉族大一统的中央王朝，对本民族的英雄、伟人格外尊崇，更热衷于兴建供奉他们偶像的祠庙，以唤起民族感情，发扬历史名人的可贵精神和气节。当然，与遍及全国，具有官方性质的孔庙不同，名人祠是由地方、民间设立的，往往建在名人的故乡或曾经居住过的地方，为百姓所瞻仰。

（一）三苏祠

北宋著名文学家苏洵和他的儿子苏轼、苏辙，史称“三苏”。苏洵父子在诗词、散文创作中成绩斐然，在唐宋八大家中他们占据三席。据《眉山县志》记载，三苏是唐代诗人苏味道的后人，原籍赵郡栾城（今河北石家庄市栾城区），唐中宗神龙元年（705）苏味道任眉州刺史后，其子孙始在眉州定居。三苏曾长期居住在眉州，直到北宋仁宗嘉祐四年（1059）才举家迁往京城汴梁（今河南开封），开始宦游四方。明洪武年间，当地人为纪念苏洵父子，将三苏故宅改建为祠庙，殿内奉祀三苏塑像。

三苏祠位于四川眉山市城西南隅。明代建祠时，因原有宅第的体制，建有大殿、启贤堂、木假山堂等建筑。

大殿三楹，中祀文安公（苏洵），东侧祀文忠公（苏轼），西侧祀文定公（苏辙）。大殿是三苏祠的主体建筑，左右建有廊庑，组成封闭的四合院空间，形成肃穆的纪念气氛。大殿正门的对联“一门父子三词

三苏祠

客，千古文章八大家”，是对苏洵父子的高度评价。大殿内有一副楹联：“宦迹渺难寻，只恃得三杰一门，前无古，后无今，器识文章，浩若江河行大地；天心原有属，任凭他千磨百炼，扬不清，沉不浊，父子兄弟，依然风雨共名山。”寥寥数语，写出后人对苏洵父子的崇敬心情。

大殿后为启贤堂，院落开敞自由，院内有苏氏故井，井四周围以栏杆。木假山堂是启贤堂的北轩，存放苏洵所蓄楠木假山。木假山堂取意苏洵的散文《木假山记》。文中称苏家有 3 座木假山，是古木在河水中风化而成的假山，其形状“魁岸踞肆，意气端重”“庄栗刻削，凛乎不可犯”。这正是苏洵以物比德，用木假山来象征君子坚韧不拔、傲然独立的人格美。

三苏祠四周红墙环绕，树木葱茏，翠竹掩映，环境极为清幽。优美的自然环境与祠庙的亭台殿阁相映成趣，寄托了后人对苏洵父子的眷眷深情。

（二）文天祥祠

位于北京东城区府学胡同的文天祥祠，是纪念南宋民族英雄文天

文天祥祠

祥的祠庙。文天祥（1236—1283），字宋瑞，号文山，吉州庐陵（今江西吉安）人。南宋德祐二年（1276）任右丞相，坚持抗元，收复州县多处。元至元十五年（1278）被元军俘虏，誓死不降。至元十九年十二月九日（1283 年 1 月 9 日）就义于大都柴市。明洪武九年（1376），后人在他被囚禁和就义的柴市附近修建文丞相祠，并将柴市一带改称教忠坊。永乐六年（1408）由朝廷重建祠堂，正式列入祀典。后屡有修葺。

祠堂初建时的形制与规模现已不可考。据清初《春明梦余录》载：“祠堂三楹，前为门，又前为大门。”这与现存祠堂形制相符。祠堂坐北朝南，由大门、前门、正殿组成。大门为牌楼式，阔 3.2 米。前厅面阔 3 间，灰筒瓦硬山顶，前后均有门。正殿面阔 3 间，灰筒瓦悬山顶，殿北壁砌有元刘岳甲撰、明王逊刻《宋文丞相传》碑。正殿前原有槐、枣树各一棵，相传为文天祥亲手种植，现今槐树已不存，枣树则枝繁叶茂。

（三）伏羲庙

位于甘肃天水市西关的伏羲庙，是纪念太昊伏羲的祠庙，又称太昊

伏羲庙

宫。伏羲、女娲是中国古代传说中兄妹为夫妻的一对人类始祖，伏羲又为三皇之首。相传伏羲“蛇身人首，有圣德”，他曾上观天文，下察地理，发明八卦，制造琴瑟，教人们学习礼仪，从事渔猎农牧生产。伏羲生于成纪（今甘肃秦安），此地古代属秦州（今甘肃天水市），故在此立庙祭祀。据《秦州志》载：“（天水）北三十里（15千米）有八卦台，台之北环以渭。对山有龙马洞，台之东当渭水中流，有石焉，人称分心石。中虚外实，其形如太极，与水浮沉，水纵大石若随之。”相传这里是伏羲观天地之象，发明八卦的地方，故称画卦台。出土的彩陶和砖雕、壁画上绘制的蛇身人首伏羲像，正与神话传说相映证。

伏羲庙始建于明弘治三年（1490），嘉靖三年（1524）重修。后几经修复，基本保持明代建筑的风格。庙坐北朝南，前后两门三进。庙内建筑布局严谨，对称和谐，屋顶皆铺设琉璃简版瓦，屋内雕梁画栋，绚丽多彩。主体建筑太极殿矗立在中院的月台上，高11.38米，面阔7间，进深5间，重檐歇山琉璃瓦顶。殿内耸立8根金柱，上部绘河图，藻井顶棚绘六十四卦。殿内佛龛奉祀手持八卦盘的伏羲彩绘塑像。太极殿北面是先天殿，面阔7间，进深5间，重檐歇山顶，琉璃瓦样屋面，屋脊设螭兽、仙人，并有高2.5米的桥亭火珠。殿内供奉神农塑像。先天殿旁建有朝房、碑房、庑殿、鼓乐亭。伏羲庙东有水池，池畔建来鹤亭，相传过去曾有白鹤在此栖息。

上古伏羲、神农部落相聚于渭水流域天水，使这里成为华夏文化的重要发祥地之一。每年农历正月十六日是伏羲诞辰，前来朝拜的人络绎不绝。

（四）包公祠

位于安徽合肥市包河公园香花墩的包公祠，是纪念北宋名臣包拯的祠庙。包拯（999—1062），字希仁，庐州（今安徽合肥市）人。宋仁宗时，曾任天章阁待制、龙图阁直学士、开封府尹。他为官清廉，执法严明，平冤狱、抑豪强，颇有政绩，后官至枢密副使，是百姓交口称赞的清官，被尊称“包公”。包河香花墩曾为包拯读书处。明弘治年间，庐州太守宋光明将此处一座古庙改建为包公书院。嘉靖年间，又将书院扩建成家庙，改称包公祠。

包公祠

包公祠是一座四合院式建筑，设照壁、山门、祠堂。山门悬隶书对联：“忠贤将相，道德人家”；东西两侧门，题写“顽廉”“懦立”匾额。祠堂正殿为两面坡小瓦木构平房，面阔5间，进深3间。祠内奉祀包拯塑像，两侧放置铡刀，为惩治贪官污吏的刑具。东西两院陈列包氏族谱。祠内有一口水井，相传为官不廉者，不敢饮此井水，故称廉井。井亭上有一块龙的浮雕，倒影井内，在井水荡漾中如同蛟龙戏水，故有“龙井”之称。

（五）苏公祠

位于海南海口市郊五公祠东侧的苏公祠，是纪念北宋著名文学家苏轼的祠庙。苏轼（1036—1101），字子瞻，号东坡居士，眉州眉山（今四川眉山市）人。宋哲宗绍圣四年（1097），他被新党以作文讥斥先朝的罪名，贬为琼州别驾，来到海南岛。苏轼曾带人在此地挖井，因泉水涌出时，水面上浮有粟米，便称此井为浮粟泉。明万历四十五年（1617），当地人为纪念苏轼，在此建祠庙，称为苏公祠。

海口苏公祠

苏公祠门前的楹联“此地能开眼界，何人可配眉山”，表现了海南人民对苏轼的尊崇。祠内大厅正面壁间刻有苏文忠公像，厅前高悬“苏公祠”金匾。祠庙左侧的琼园，建有洞酌亭、古凉亭、洗心轩等。古凉亭内立有宋徽宗赵佶书写的《神霄玉清万寿宫诏》碑刻，为海南省现存的珍贵碑刻之一。

（六）阳明祠

阳明祠在贵州贵阳市东郊螺丝山麓的扶风寺，是奉祀明代著名思想家王守仁的祠庙。王守仁（1472—1528），字伯安，浙江余姚人，因曾在阳明洞讲学，人称阳明先生，亦称王阳明。明正德元年（1506），他因上书言事，触怒宦官刘谨，被贬谪到贵州，栖居于龙冈山。他在此处设馆办学，为贵州培养许多文人秀才。嘉靖三十年（1551），贵州人民将他创办的龙冈书院改建为阳明祠，以资纪念。

阳明祠为四合院式建筑，由正殿、东西配殿、元气亭、僧寮等组成。整座建筑朴实大方，屋面饰小青瓦，穿斗结构，出檐以挑枋承托。

阳明祠

阳明祠是后人为了纪念明代著名的哲学家、军事家和文学家，心学的创始人王守仁而建立的祠堂。王守仁，本名王云，字伯安，号阳明，浙江余姚人，汉族。王守仁反对盲目地服从封建的伦理道德，他提出的“致良知”的哲学命题和“知行合一”的方法论，具有要求冲破封建思想禁锢、呼吁思想和个性解放的意义。

正殿前有回廊环绕，院落宽敞舒展。殿内供奉王阳明塑像，是明嘉靖以来祭祀王阳明的主要场所。院内有两株古柏，黛色参天，古趣横溢，相传为王阳明亲手种植。

阳明祠背靠芙峰，面对筑城，林木葱郁，环境幽静，充满祠庙建筑的肃穆气氛。

第四章

陵墓建筑与雕塑

4

陵墓建筑是中国古代重要的建筑类型。战国中期，君王的墓始称陵。汉代起，陵墓专指帝王的墓葬，一般臣民的墓地则称坟墓。中国古人相信人死后会进入另一个世界，灵魂将永存于冥间，如生前一样生活。为满足这种心理，在古代统治阶级中形成厚葬之风。西汉时就有“天子即位明年，将作大匠营陵地”的记载。历代帝王不仅花巨大的财力和物力修建宫殿，而且模仿宫殿的形制，在地下为自己建造一个冥间的宫殿。秦始皇陵、汉茂陵、唐乾陵、明十三陵等著名的陵墓，都以其宏大的建筑规模和精美的建筑艺术，表现出帝王的赫赫威仪，令人瞩目。

陵墓建筑分为地上和地下两部分。地下建筑是安放棺椁及随葬物的墓室，效仿帝王生前居住的宫殿建造，构筑精美，结构严密，堪称地下宫殿。地面建筑以陵体为中心，周围建立一系列纪念性物体，以供后人祭祀。这种集安葬与祭祀于一体的功能，形成陵墓建筑的基本特色。

陵墓建筑是集建筑、雕塑、绘画、自然环境于一体的综合性艺术。封建帝王视陵寝基址为“万年吉地”，十分重视陵墓的环境条件，常常选择背山向阳、地下水位低的“风水宝地”，这正是中国古代“天人合一”宇宙观在建筑艺术中的反映。帝王为修筑陵墓，不惜靡费全国的人力、物力和财力。秦始皇征发刑徒70万，历时30年建造的骊山陵，墓室如同宫殿，墓顶绘天文星象，“以水银为百川、江河大海”“宫观百官，奇器珍怪，徙臧满之”①。从已发掘的秦兵马俑军阵坑及宫人、车马的殉葬坑，可窥知骊山陵规模之浩大。秦陵的奢侈豪华之风为后世所继承。例如汉代帝陵集中选择陵区，各陵设有享殿，并在陵区设置陵邑城池，宛如一座座城市；唐陵多依山而建，在陵区设立祭享殿堂，并重视陵前神道的引导作用，在神道两侧设置一系列阙门、碑刻、石人、石兽等，使陵墓建筑呈现独特的建筑风格。中国古建筑主要采用传统的木结构形式，但陵墓建筑自秦汉以来便沿用坚固的砖石结构，精工细作。经过千百年的风雨侵袭，地面上的宫殿、寺庙大多荡然无存，而地下的墓室却保存完好，为后人留下一座座建筑艺术的宝库。

在中国陵墓建筑史上，明陵是继唐陵之后形成的又一高潮。明初，朝廷派官员审视历代帝陵，并着手营建凤阳皇陵、南京孝陵、泗州祖陵，从而形成明陵定制。明成祖迁都北京后，在昌平天寿山形成集中陵区，称为“十三陵”，成为中国现存规模最大的帝王陵墓群。明陵在总体布局、宝顶形式、石像生的配置诸方面，深受唐、宋帝陵的影响，较不同的是，明陵以群山环绕的封闭性环境为陵区，将各帝陵融为一个整体，整个陵区只建立一条神道，各帝陵不单独设置石像生、碑亭、大红门、石牌坊等物，并将方上陵体改为圆形宝城。明陵的建筑布局和形制，直接影响到清东陵和清西陵。

① ［汉］司马迁《史记·秦始皇记》。

第一节
明孝陵

>>>

一、陵园布局

坐落在江苏南京市钟山南麓玩珠峰下的明孝陵，是明太祖朱元璋与马皇后的合葬陵墓。此处山峰峻秀，气势雄伟，自六朝以来便有“虎踞龙盘”之说。陵墓自洪武九年（1376）开始建造，洪武十四年（1381）初步建成，翌年葬入马皇后。马皇后谥“孝慈”，故名孝陵。洪武十六年（1383）建享殿。洪武三十一年（1398）朱元璋死后，与马皇后合葬孝陵。此后，陆续兴建各种辅助建筑，至永乐三年（1405）明成祖朱棣为其父立“大明孝陵神功圣德碑”，整个建设历时 30 年。

南京明孝陵

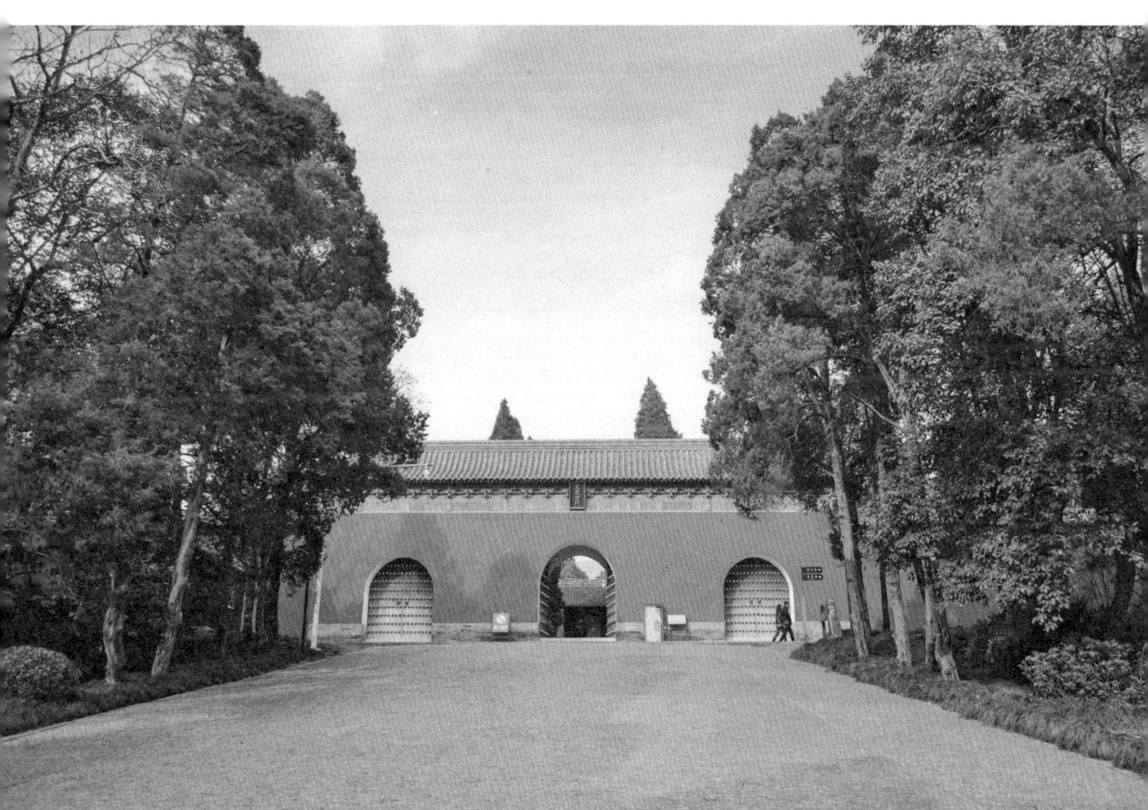

明孝陵规模宏大，周长达 22.5 千米，四周建围墙，陵区植松树 10 万株，养鹿千头，护陵军曾达 5 000 余人。陵园布局分为两大部分。

第一部分为神道，是孝陵的引导部分。从下马坊起进入陵区。下马坊刻有“诸司官员下马”6 个大字，显示陵寝的威严。据《大明会典》载：“车马过陵者及守陵官民入陵者，百步外下马，违者以大不敬论。”下马坊旁有禁约碑，立于崇祯十四年（1641）。碑高 1.41 米，宽 5.25 米，厚 0.43 米，碑额正面雕刻双龙戏珠，周围有云纹雕饰。此处还有嘉靖十年（1531）树立的“神烈山”石碑。

由下马坊西北行 750 米，即到孝陵大门——大金门。大金门有 3 道门券，单檐歇山顶。门北的碑亭，因取封闭形式，又称四方城。碑亭中间竖立明成祖为明太祖立的“神功圣德碑”，碑身高达 6.7 米，下有高 2.68 米的龟趺承载，为中国古代巨碑之一。碑文长达 2 700 余字，历述明太祖一生的功德。

出碑亭，过大石桥，便是平坦宽展的孝陵神道。神道石刻群是孝陵最为壮观的艺术珍品。在逶迤 500 米多的神道两侧，依次排列着 12 对狮子、獬豸、骆驼、象、麒麟、马，每种石兽立一对、跪一对。石兽的

明孝陵神道

南京明孝陵神道石象

形体硕大，造型逼真生动，连鳞甲、卷毛都雕刻得清晰可见。神道北折，先是一对高 6.2 米的华表，其后是四对高 4 米多的石翁仲。前两对是身披甲胄、手执金吾的武将，后两对是头戴朝冠、手捧玉笏的文臣。这些石兽和翁仲都用整块巨石镌刻而成，线条粗犷，神态生动，是明初雕刻艺术的代表作。

进棂星门，孝陵神道折向东北，迂回至梅花山后。历代帝陵中，神道拐弯极为罕见。孝陵神道拐弯，是因为梅花山建有三国吴大帝孙权的陵墓。传说朱元璋认为，孙权也是一条好汉，留着他可为我站岗。为避开孙陵，孝陵神道由碑亭起便迂回绕曲，沿梅花山西侧北折，使神道引伸长达 1 800 米。

第二部分是孝陵的主体建筑。自棂星门过金水桥，在面对主峰的孝陵南北中轴线上，依次排列着大红门、享殿门、享殿、方城明楼、宝城等建筑。享殿又称祾恩殿，面阔 9 间，进深 5 间，落成于洪武十六年，清咸丰三年（1853）毁于兵火。从现存享殿台基上的 56 个大型石柱础来看，其规模大于明成祖长陵的享殿。享殿两侧有廊庑数十间，殿外建有宰牲亭、具服殿。殿内有朱元璋巨幅画像，画中的朱元璋脸型扁长，额骨隆起，蒜头鼻子，双耳垂肩，嘴巴阔长，脸上布满黑斑，目光炯炯有神，一副威严凶狠的样子。

出享殿过 3 道券门，进入上宫区。陵体称宝城，又称宝顶，是一座约 400 米直径的圆形墓丘，上面遍植松树，周围环绕巨石砌的高墙。宝城前有巨石砌筑的高大城台，城台上建面阔 5 间，进深 1 间的殿堂，称为方城明楼。城台下为隧道，有石级通达城台背后。隧道口前的巨石桥，称升仙桥。宝城下是朱元璋的地下宫殿。

二、陵墓制度的创新

明孝陵在中国古代陵墓建筑的发展过程中，具有承前启后的意义。一方面，它继承了古代陵墓建筑的传统，更重要的是，它对陵墓建筑的许多变更和创新，为明、清陵墓开创了新的陵寝格局，其影响不可低估。

明孝陵的陵址及布局、形制，皆由朱元璋自定。朱元璋信奉儒学，尊崇礼制，提倡厚葬。因此，明孝陵选址时，在堪舆理论指导下，对陵区的景观条件格外重视。孝陵三面环山，一溪中流，环境幽静，是理想的“风水宝地”。朱元璋看中此地后，遂命所在地的古寺迁建钟山东麓，合并为灵谷寺。

明孝陵的建筑布局在继承古代陵墓传统中又有创新。它按照安葬、祭祀、服务管理的不同功能，分成前中后3进院落的宫殿形式，从而将南宋帝陵所采取的暂时寄厝的形式，变成固定的形制。南宋诸帝葬于绍兴，为了日后北迁中原，便采取暂时寄厝的形式，即在献殿（祭祀行礼处）后增设龟头屋（墓室）安葬棺椁，献殿前设立下宫（每日献食处）。这种将上下宫组在一起的临时措施，成为明孝陵的享殿——方城明楼——宝城地宫陵制的前身。但明孝陵取消下宫设施，保留和扩展了供谒拜祭祀的上宫建筑。陵区主体部分在正门“文武方门”后，即进入前院。院内两侧建有供祭祀时使用的神厨和神库。由前院经享殿门进入中院，便是作为下宫的享殿。享殿形若宫殿，是举行祭祀活动的地方。出享殿过大石桥，就到了由方城明楼和宝城地宫组成的上宫区。孝陵的享殿和方城明楼是陵区的主体建筑，其形制如同宫殿的前朝后寝。显然，在地宫之上构筑高大的砖城，在砖城内填土形成圆形的宝顶，并在宝城宝顶前修建巍峨的方城明楼，比起宋代帝陵的方形陵台和土城，气魄更加宏伟，也增强了陵墓建筑的艺术性。

明孝陵的神道也有创新。神道是帝王陵墓前的道路，其目的是通过一定时间的引导，向谒陵者渲染陵墓主体建筑庄严肃穆的氛围。宋陵建筑规模较小，神道短，但石像生布置紧凑。明孝陵的神道纡曲转折，颇

南京明孝陵方城明楼

具特色。在随着山势起伏蜿蜒的神道两旁，井然有序地排列着石像生，既增加了陵墓建筑的空间层次，又渲染了陵墓的庄严与神秘。特别是进入神道之前，碑亭中竖立的神功圣德碑，以高大的体量和端庄的造型，造成一种先声夺人的崇高气氛。

第二节 明十三陵

>>>

明十三陵位于北京昌平区天寿山南麓。自永乐七年（1409）开始营建长陵，至清顺治元年（1644）思陵竣工，历时 235 年，终于建成明成祖朱棣的长陵、仁宗朱高炽的献陵、宣宗朱瞻基的景陵、英宗朱祁

明十三陵

镇的裕陵、宪宗朱见深的茂陵、孝宗朱祐樘的泰陵、武宗朱厚照的康陵、世宗朱厚熜的永陵、穆宗朱载垕的昭陵、神宗朱翊钧的定陵、光宗朱常洛的庆陵、熹宗朱由校的德陵、思宗朱由检的思陵等 13 座皇帝的陵墓，故称“明十三陵”。它是我国保存最完整，规模最宏大的帝王陵区。

一、陵园布局

明代以前，中国陵墓的布局主要有两种形式。一是秦汉陵墓以陵山为主体的布局形式。其特点是在地宫上用土层层夯筑，陵墓外观如同截去平顶的方锥体。陵墓四周建围墙，开辟四门，门前有阙（供瞭望的楼），阙外为神道，神道上排列石像生。陵寝周围建有果苑、鹿苑、鹤馆及护陵机构。秦始皇陵堪称范例。它背衬骊山，周围建城垣，主体建筑显得气势雄伟，体现出纪念意义。二是唐、宋陵墓以神道贯穿陵区的布局方式。如唐高宗李治和武则天合葬的乾陵，前方东西两峰对峙，犹如门阙，中间的北峰为陵墓主体。陵前神道上排列着阙门、石像生、碑刻、华表等纪念性雕刻，与巍峨的山势及地面建筑相配合，有力衬托陵墓建筑的宏伟气魄。

明十三陵布局放弃了秦汉陵墓正方形的布局形式，对唐、宋引导式布局形式加以发展，在陵区只建一条共同的神道，各陵不单独设置牌楼、石像生、碑亭等物，并沿袭明孝陵的做法，把唐、宋帝陵上下二宫的形制合并为一宫，陵前建造方城明楼，将传统的方上陵体改为圆形宝城。这种在一个群山环绕的封闭陵区中，将13座各自独立的皇帝陵墓融为一个整体的布局形式，是明代陵墓制度的创新。

明十三陵整体布局的特点，是陵墓设计者创造性地运用地形的结果。陵区的东、北、西三面山峦环抱，13座陵墓沿天寿山麓散布，各依山峦而建，形成一个规划完整的帝陵建筑群。陵区南面东有蟒山，西有虎峪山。古代帝陵讲求风水，有“左青龙，右白虎”之说，蟒山、虎峪山如同青龙、白虎，守卫着陵寝的大门。两山之间宽约2千米，刚好成为进入陵区的入口。大宫门的位置就设在这里。

山口外的石牌坊，是进入陵区的标志。牌坊北约1 300米处，

十三陵平面图

竖立着黄瓦红墙三开门洞的大宫门。大宫门是陵区的正门，门两侧立有“官员人等至此下马”的下马碑。由大宫门向北600米，便是长陵碑亭。碑亭建于宣德十年（1435），朱墙黄瓦，重檐歇山顶，亭内为十字穹隆顶，枋、柱、檩、椽均施以彩绘。亭外四角立着两对汉白玉华表，上雕云龙，形状如同承天门前华表。亭内石碑高6.5米，碑顶雕刻盘龙，下有龟趺承载，碑上题“大明长陵神功圣德碑”，并刻有明仁宗为其父明成祖撰写的碑文。碑文长达3 500字，记述明成祖“靖难兴师”的业绩，出自明初著名书法家程南云之手。

碑亭至长陵之间是6千米长的神道，神道分为南北两段。自碑亭向北至龙凤门为南段，排列着18对用整石雕成的石像生。石像生之制，除增加4位勋臣，其余遵循明孝陵遗法。龙凤门是一座汉白玉制成的牌坊，并排分为3门，每门的额枋中央都有一颗石琢火珠，故又称火焰牌楼。自龙凤门以北至长陵为北段，地势渐高，约5千米达长陵陵门。

陵区神道微有曲折，起伏递进。从石牌坊起，神道上排列有序、体量合宜的建筑物和石像生，是陵区布局的有机组成部分。其作用在于通

十三陵石牌坊

过一个个不同景点的变化，增强陵区建筑空间的层次感，从而控制谒陵者的视线，使陵区景观显得神秘幽深，引人入胜，使人们一直笼罩在庄严肃穆的谒陵气氛中。

明十三陵的布局在古代陵墓中独具特色。汉代、唐代的帝陵相距较远，没有形成统一的陵区，如西汉帝陵分散在渭水南岸和渭水北坂上。宋代帝陵虽集中在一个地区，如北宋八陵均在河南巩义市，但为地域所限，其庞大的陵墓群区多作并列，陵台起伏，雕像林立，有威武壮观之气魄，无主从分明之布局。只有明十三陵在一个 40 平方千米的封闭盆地中，巧妙利用地形地势，形成布局完整、主从分明的陵区，成为中国古代陵墓中最富整体性的帝陵建筑群。

二、长陵

明十三陵各陵规模大小不一，建筑形式不尽相同，但都遵循明孝陵的陵墓制度。其中，长陵是十三陵中营建最早、规模最大的一座，为明

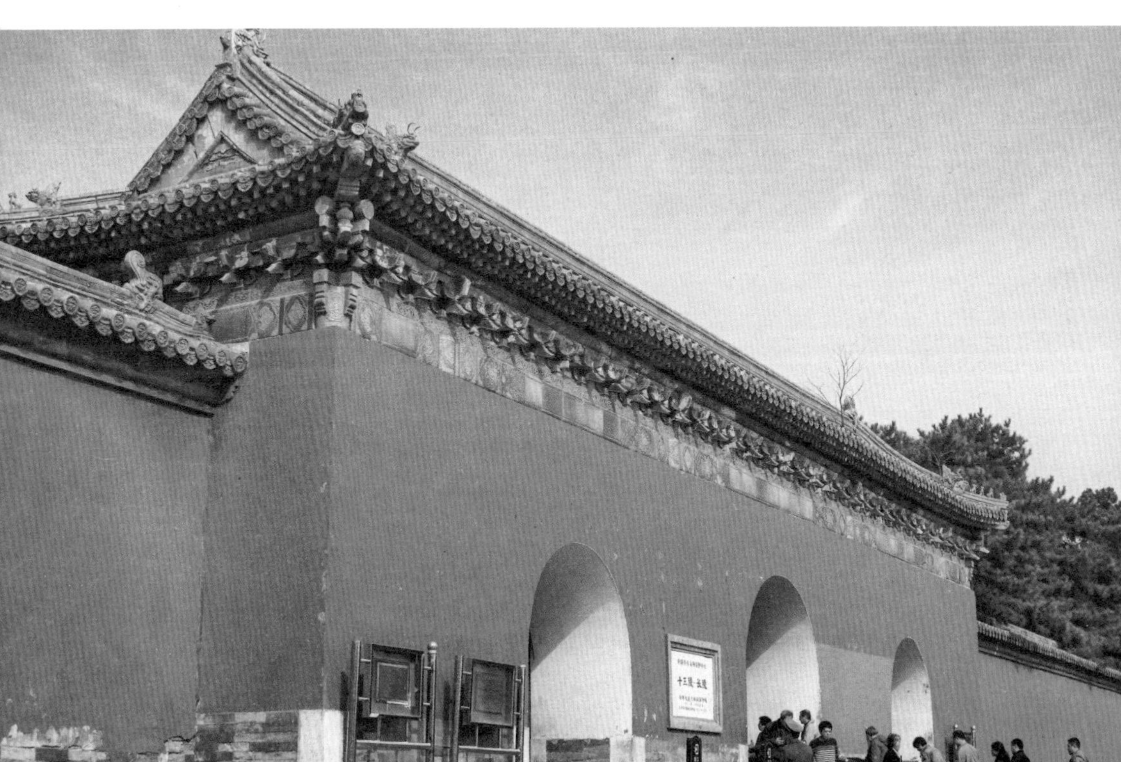

代陵墓建筑的杰出代表。

长陵位于天寿山正南，为陵区的中心，其他十二陵均在其两侧，随山势向东、西排列。通往长陵的神道为十三陵的总神道。这样的布局，使陵区形成以长陵为中心的环抱之势，突出了长陵的首陵地位。

长陵始建于永乐七年（1409），由明成祖亲自选定陵址，并改黄土山名为天寿山。永乐十一年（1413）陵寝地下工程竣工。永乐二十二年（1424）明成祖入葬长陵，但长陵工程并未结束，直到宣德十年（1435）才完成神道工程。整个长陵工程历时 26 年。

长陵的总体布局和建筑形式，基本遵循明孝陵的制度。陵园采用三进院落的布局，在一条由南向北的中轴线上，依次排列着陵门、祾恩门、祾恩殿、方城明楼、宝城、配殿等主要建筑，附属建筑对称两旁。

第一进院落包括陵门、神库、神厨和碑亭。陵门为三开门洞的砖石门，朱墙黄瓦，形状如同神道上的大宫门。陵门左右连接墙垣，圈为三进院落。院内神库、神厨已毁，仅存一座碑亭。碑亭建于嘉靖二十一年（1542），亭里石碑原无字，清代重修十三陵时，刻上顺治的谕旨和乾隆、嘉庆的诗文。

第二进院落包括祾恩门、祾恩殿、两庑配殿和神帛炉。祾恩门面阔 5 间，3 门，单檐歇山顶。院内正中是巍峨高大的祾恩殿。祾恩殿是帝后或随行官员举行祭祀典礼的大殿，“祾”是祭祀受福的意思，“恩”指皇恩浩荡。因此，祾恩殿是按照国家最高等级标准修建的。殿建成于宣德二年（1427），初名享殿，嘉靖十七年（1538）明世宗朱厚熜传谕改称祾恩殿。祾恩殿形制与北京紫禁城奉天殿基本相同，重檐庑殿顶，黄瓦红墙，面阔 9 间，进深 5 间，长 66.75 米，宽 29.3 米，高 25 米，总面积 1965 平方米。大殿坐落在 3 层白石台基上，栏板、望柱、滴水龙头都用汉白玉石雕成。虽然比奉天殿台基略低，庭院较小，但安排紧凑，加上院内遍植松柏，气氛宁静肃穆，颇具纪念意味。殿内 60 根大柱全是优质金丝楠木，其中有 32 根是用整根金丝楠木制成，中间 4 根尤为粗大，直径 1.17 米，高 14.3 米，要 3 人合抱才能合围。殿内的梁、檩、椽，全都使用金丝楠木，并且不施油漆彩画，显得庄重无华。如此大规模的楠木殿，是中国古代木结构建筑中独一无二的实例。

第三进院落是长陵的最后部分，内有方城明楼和宝城。由内红门进院后，御道正中有一座石牌坊，牌坊北面是石雕五供，即香炉一个，花瓶、烛台各两个。方城明楼巍然耸立在院中。方城是高 15 米，边长 35 米的正方形砖砌城台，形状如城门楼。中间券洞通道宽 3 米，北端设有阶梯可登上明楼。明楼建于方城之上，楼为重檐歇山顶碑亭，楼身砖砌，四面各辟有券门，形成十字穹隆顶。楼正中置石碑一方，碑高 4.67 米，碑上镌刻蛟龙，下承以矩形石座，碑面原刻“大明太宗文皇帝之陵”字样，嘉靖时改“太宗”为“成祖”。万历三十二年（1604）五月，明楼遭雷击焚毁，于当年重建后立新碑，刻“大明成祖文皇帝之陵”，是为今碑。长陵将方城明楼的平面由长方形改为正方形，并在明楼正中竖立皇帝墓碑的制度，为其他十二陵所仿效。明楼背后是宝城。宝城周围用砖墙包砌，周长 1 千米，像一座小城堡。直径约 31 米的宝顶坐落在宝城正中的坟山上，下面即是玄宫（墓室）。

其他十二陵的形制与长陵大同小异，各陵的明楼、宝城基本完好，但享殿、庑殿等地面建筑均已毁坏。因此，长陵建筑的价值更显得无比珍贵。

三、定陵地宫

建在宝顶下的地宫，是十三陵陵墓建筑的重要组成部分。数百年的风雨侵袭、天灾人祸，使十三陵的地面建筑大多遭到毁坏，然而，埋葬皇帝、皇后的棺椁和随葬品的地宫却安然无恙。通过已挖掘的定陵地宫，可以看到明陵地宫的面貌。

定陵位于长陵西南大略山下，是明神宗朱翊钧和孝端、孝靖两皇后的合葬墓，也是十三陵中继长陵、永陵之后的第三大陵。明神宗年号万历，在位 48 年，是明朝执政时间最长的皇帝。万历十一年（1583）明神宗 22 岁时，亲临天寿山选定陵址，确定仿照其祖父明世宗永陵的规制来建陵。翌年动工，每日役使工匠、军夫 3 万多人，耗费白银 800 万两，历时 6 年建成定陵。竣工之日，明神宗亲临地宫饮酒作乐，欣赏他死后的地下宫殿。

定陵的地面建筑，如明楼、宝城、祾恩门、祾恩殿等，基本仿照长陵，后屡遭破坏，现仅存明楼、宝城。明楼为重檐歇山顶，覆黄琉璃瓦，四角及台阶用巨石砌筑，枋、椽、斗拱均为石雕，十分精美。明楼

北京明十三陵定陵

正中是龙首龟趺的石碑，上刻“大明神宗显皇帝之陵”字样。明楼背后是砖砌的圆形宝城，初建时有花斑石垒的垛口，清代毁坏。1956 年，对定陵地宫进行考古发掘后，使这座埋于地下 300 多年的宫殿，展现在世人面前。

定陵地宫位于宝顶下 27 米，总面积 1 195 平方米，由前、中、后 3 殿及左右配殿组成，通体用青白石和汉白玉砌筑，是一座规模宏大的石结构拱券式建筑。

地宫的大门用整块汉白玉雕刻而成，每扇门高 3.3 米，宽 1.7 米，重达 4 吨。大门的正面雕刻着 9 排 81 颗乳状门钉和铺首衔环，显得十分威严。石门上横着一条重约 10 吨的铜管扇，石门上轴插入铜管扇内，下轴嵌入石门墩。由于门扇设计得轴厚边薄，可以减轻门重，降低门轴负荷，使石门便于推动。门内地上有凹槽，搁置一块长 1.6 米的顶门“自来石”。当入葬后封门时，自来石上端顶住门上一处特制的凸起部分，下端嵌入凹槽，便将两扇大门顶紧。考古人员是用铅丝顺着门缝套住自来石，然后用薄板从门缝推动它，才推开这座沉重的大石门。

地宫的前、中、后三殿构成 T 形平面，中殿两侧各辟石甬道连接左

定陵地宫

右配殿。前殿和中殿由地面至券顶高 7.2 米，宽 6 米，共长 58 米，两殿前后相连，成为地宫的主要通道。殿内用金砖（一种用桐油浸泡的特大方砖）墁地，光润耐磨。中殿陈设祭器，放置 3 座汉白玉雕的宝座，座前各摆一套黄色琉璃烧制的五供（一个香炉、两个花瓶、两个烛台），还有 3 口嘉靖年款的青花云龙纹大瓷缸，缸内装着香油，称长明灯。

中殿两侧为左右配殿。两配殿形制相同，券顶高 7.1 米，宽 6 米，长 26 米，殿中筑有汉白玉棺床，但无棺椁。

后殿横于中殿顶端，券顶高 9.5 米，宽 9.1 米，长 30.1 米，距地面 27 米，是地宫的主殿。地面铺磨光花斑石。迎面的棺床上，放置三具朱漆棺椁，中间的特别大，是明神宗的灵柩，左右为孝端、孝靖两位皇后。开棺后发现三具尸体只剩下骨架，唯有头发保存较好。明神宗头上打着发结，插着五枚金簪，旁边放一顶皇冠。皇冠又称翼善冠，全部用极细的金丝编织而成，冠顶有两条翻舞戏珠的金龙，为我国出土文物中首次发现。皇后棺椁中有四顶凤冠，每顶凤冠都镶嵌 5 000 多颗珍珠，100 多块宝石，极其珍贵豪华。在棺椁周围有 26 只装满精美工艺品、丝织品等殉葬物品的红漆木箱，以及玉器和青花瓷瓶，为研究明代工艺美术和纺织技术提供了珍贵的实物资料。

地宫各殿之间共有7座双扇石券门相隔，尤以前、中、后3殿之间的石券门最为精致。门上檐、椽、枋、额、脊和吻兽均用汉白玉雕成，造型优美，做工精细。各殿门开则宫中相通，门关则自为一体。地宫外围筑有金刚墙。墙用砖石砌筑，顶部覆黄色琉璃瓦，是保护地宫的有力措施。地宫的石拱结构坚固严整，工艺精良，建成后至今已有400多年，但无一处塌陷。宫内绝少积水，足见地宫营建技术之高超与结构设计之合理。

古代礼制规定“事死如事生”。在这种丧葬思想的指导下，帝王陵墓建筑也仿照宫殿建筑的布局与设计来建造，以此显示封建等级的森严和伦常、秩序的不可动摇性。宫殿建筑中前朝后寝的制度，在十三陵中得到充分体现。以定陵为例：地面主体建筑祾恩殿、方城明楼和宝顶的布局，是仿照紫禁城的外朝三大殿（奉天殿、华盖殿、谨身殿）设计的，主殿祾恩殿相当于奉天殿，祾恩殿两侧的配殿仿自文华殿和武英殿；地宫前、中、后3殿的布局，则仿照紫禁城内廷三大殿（乾清宫、交泰殿、坤宁宫），中殿两侧的左右配殿，又如同东西六宫的位置。由此可见，陵墓建筑只不过将封建帝王生前拥有的最高权力和奢侈豪华的物质享受搬到阴间，用以象征帝王在另一世界的继续统治和赫赫威仪。

第三节 陵墓雕塑

>>>

一、石像生

自秦汉以来，由于提倡“厚葬以明孝”，帝王陵墓中不仅有大量的殉葬品，而且在皇帝和王公贵族的陵墓前，还要设置石像生等神道雕像，以象征他们的丰功伟绩和显贵尊严。石像生，既是一种具有纪念意义的雕刻艺术，同时也体现出不同时代的艺术水平和审美风尚。例如，西汉骠骑大将军霍去病墓前以“马踏匈奴”为主体的纪念碑式雕刻，用象征的艺术手法，激发人们对这位立下赫赫战功的年轻将领的崇敬与怀念；唐太宗李世民陵墓前精美绝伦的“昭陵六骏”浮雕，以写实的艺术手法，讴歌了中国封建盛世蓬勃向上的时代精神，成为唐代最有艺术价值的纪念性雕刻。

尽管历代帝陵在神道上设置石像生的数目及种类不尽相同，帝王和公卿所置的石像生也有严格的等级区别，但放置石像生的目的是相同的，都是为了装饰陵墓，以此象征帝王生前的赫赫威仪。石像生分石兽和石人两大类。石兽有狮子、麒麟、骆驼、獬豸、马、象、虎、貘、牛、羊等。石兽中以狮子为首，是因为狮子性情凶猛，吼声如雷，百兽闻其声无不惊恐，陵墓前放置一对石狮，用以象征帝王的威严。麒麟是古代神话中的吉祥之兽，古人将龙、凤、龟、麟称为“四灵”，放置陵前以喻吉祥。骆驼、大象是沙漠和热带地区的交通运输工具，放置陵前表示帝王疆域广阔。獬豸是古代传说中的神兽，头上生有一角，如遇二人相争，专触奸邪之人，放在陵前有公正和辟邪之意。马善走，性情温顺，是帝王的坐骑。羊、虎等为祛邪的瑞兽。石人又称翁仲。相传，秦朝将军阮翁仲身高一丈三尺，力大无穷，秦始皇派他率兵镇守临洮，威震匈奴。翁仲死后，秦始皇铸他的铜像立于咸阳宫司马门外，匈奴使者误以为是活着的阮翁仲。于是，后人把立于宫阙、庙堂和陵墓前的石人，统称为翁仲。石人包括文官、武将和勋臣，唐代帝陵前增设蕃酋石像，北宋帝陵增设外国使臣和宫女，用以象征满朝文武，表示皇朝的巩固和天下的归心。例外的是南宋帝陵，为表示“攒宫”归葬中原，没有设置石像生。

明代陵墓雕塑是陵墓制度的有机组成部分。明朝统治者为了唤起民族情绪，在陵墓制度上恢复唐、宋陵墓的传统，当然也不失明代的创新。因此，明代陵墓石像生基本遵循唐、宋体制而略有变通。明帝陵石像生以明皇陵、明祖陵、明孝陵、明十三陵为代表。

朱元璋建立明朝后，对家乡祖父母和父母的墓地，尊封为祖陵和皇

十三陵神道

陵，并在陵前建立石雕仪仗群。明皇陵位于明中都城西南 5 千米处，是朱元璋的父亲朱世珍和母亲陈氏的合葬墓。始建于洪武二年（1369），洪武十二年（1379）竣工，是明代第一座皇陵。在北明楼和皇堂之间的神道两侧，自北向南排列着 32 对石像生和华表，依次为麒麟 2 对，石狮、獬豸各 4 对，华表 2 对，石马与驭马人 6 对，石虎、石羊各 4 对，文臣、武将、内侍各 2 对。如此数量的雕刻群，集中布列于长约 300 米的神道两侧，突出渲染了皇陵雄伟壮观的气势。从造型手法上看，石像生形体硕大，雕琢精美，在夸张中不失写实，如狮、虎、羊、马等雕刻得细致入微、一丝不苟，文臣武将则生动传神、性格鲜明。皇陵石像生不仅雕刻艺术精湛，而且是现存帝王陵墓中数量最多的一座。汉陵石像生甚少，唐陵和北宋陵石像生较多，但均无此数量，即使是其后的明孝陵和明十三陵，也仅为 12 对或 18 对，略逊一筹。

位于江苏盱眙县管镇东 8 千米洪泽湖畔的明祖陵，始建于洪武十九年（1386），至永乐十一年（1413）竣工。祖陵的形制深受北宋帝陵的影响，陵园平面为长方形，建有享殿、配殿、棂星门、石桥、厨库、井亭、宰牲所、拜斋、碑亭等，建筑规模宏伟壮丽。由于洪泽湖水位提高，清康熙十七年（1678）明祖陵被湖水淹没，殿宇等建筑全部毁坏，陵前石雕群被冲倒。1977 年筑防洪大堤，将祖陵从湖水中隔开，使石像生显露地面。在 250 米长的神道两侧，排列着角端 2 对、石狮 6 对、华表 2 对、文臣 4 对、石马 3 对、武将 2 对、内侍 2 对。这些石雕气势雄伟，形象逼真，在造型和雕刻手法上颇具唐、宋遗风。特别是 6 对石狮，均为高 2.2 米的坐狮，造型优美健壮，比明孝陵的石狮更有生气，不愧为明初神道雕刻中的佼佼者。

明帝陵神道雕刻的基本规制是由明孝陵奠定的。明孝陵神道石像生建于永乐十一年，共有石兽 12 对，包括狮、獬豸、骆驼、象、马，每种瑞兽立、跪各一对；翁仲 4 对，包括文臣、武将各 2 对。这些石雕分布在迂曲转折的神道两侧，与皇陵神道上集中排列、布置紧凑的石雕相比，别有一番意趣。朱元璋是一位颇有作为的开国皇帝，孝陵石雕也以体积庞大、气势宏伟而著称，如硕大的石狮、近似椭圆的石像，无不给人一种坚实凝重的体量感。

如果与唐、宋陵墓相比，明孝陵神道石像生的种类和数量略有变

明祖陵神道雕刻

化。孝陵神道石兽比唐、宋陵多出獬豸、麒麟和骆驼，减少唐陵的朱雀、宋陵的瑞禽和角端以及唐、宋陵共有的蹲狮。唐、宋陵的外国使臣和宋陵特有的护陵将军与内侍雕像，在孝陵已不复存在。如果说，皇陵与祖陵石雕上承唐、宋陵石雕的神韵气质，以精雕细刻和表现内在神韵的形神兼备而取胜，那么孝陵石雕则以浑厚的体积和粗犷、古朴的雕刻风格，来表现开国皇帝的宏伟气魄。

明十三陵神道上的石像生，是明成祖死后十年，于宣德十年（1435）设置的，除增加 2 对勋臣像外，其种类、数量及排列顺序，都与明孝陵一致。石兽自南向北为石狮、獬豸、骆驼、石像、麒麟、石马，每种两卧两立，共 12 对。翁仲有文臣、武将、勋臣各 2 对。这些石像生均用整块巨石雕成，体积最大的有 30 立方米，其特点是雕刻精巧，做工细致，如文臣、武将的面部雕刻得细致入微，眉、眼、鼻、口形态逼真，骆驼、大象的造型生动质朴，神态安详。可以说，这是一群酷似现实生活中的动物、人物的肖生石雕，为明代写实雕刻艺术的代表作。然而，与孝陵石像生那种雄壮浑厚、质朴无华的艺术风格相比，十三陵石像生则显得过于雕饰，缺乏内在的神韵。雕塑史家王子云先生的评价颇为精当："从造型手法上看，十三陵石雕不论是石人、石兽，都表现出一种华而不实，缺乏内在的精神活力，而且比之宋陵同类石雕也有逊色。如十三陵的狮子不论站者或蹲卧者，都显得玲珑精巧，仿佛类同玩具，而且也似乎缺乏石头那样的重量，更说不上雄强劲健的气魄了。"①

除上述帝陵外，明代留存的墓葬石雕还有多处。如广西桂林市尧山南麓靖江王墓群，有王墓 11 座，王室墓 100 余座。其中，第二代藩王悼僖王朱赞仪墓规模最大，有内外两道围墙，墓前建有享堂、碑亭、厢房及外门等建筑群。墓道两侧，排列着 10 多对石像生，石兽有狮、虎、麒麟、马、牛、羊、蟾、象等，翁仲有拉马将军、秉笏大臣、男女侍卫等。这些石雕体积庞大，造型浑厚，都是用整块巨石雕成，大者高

① 王子云《中国雕塑史》，人民美术出版社，1988 年版，第 414—415 页。

达 3 米，可与明孝陵、明十三陵的石雕相媲美。河南新乡的明潞简王墓石雕也值得称道。墓前神道两旁设置 15 对栩栩如生的石像生，都是用整块青石雕成，小者 1.55 米，大者高达 2.77 米，形态多姿多样。其中有一鸟嘴、鳞身、蝙蝠翼、五爪足的石兽，造型奇特无比。洪武四年（1371）复建的浙江杭州栖霞岭南麓岳飞墓前，有一组用石灰岩凿成的石像生，包括羊、马、虎、武将、文臣等。武将身材魁梧，一身戎装，双手扶剑而立；文臣身躯丰硕，宽袖长袍，双手执笏而立。这些形神兼备、姿态各异的雕像，充分表现了后人对民族英雄岳飞的敬仰与怀念，同时也表现出高超的雕刻艺术水平，为功臣、良将神道雕刻中不可多得的艺术佳作。

二、装饰石雕

帝王陵墓雕塑，除了设置在神道两旁的石像生外，还有石碑、石牌楼、华表等装饰性石雕。装饰石雕融建筑、雕刻、绘画、书法为一体，

明祖陵石牌楼

既是陵墓的一种装饰，体现独特的建筑艺术风貌，又是标志死者的等级身份和表彰丰功伟绩的纪念性雕塑，具有祭祀和审美的双重功能。

在陵墓前建立纪念柱或纪念碑的制度，古已有之。如南北朝陵墓入口处，常成双成对地树立石柱，河北定兴县石柱村建于北齐的义慈惠石柱，是我国现存最早的实例；唐乾陵朱雀门阙前武则天为唐高宗李治撰写的述圣纪碑，是我国陵墓建筑中最早的一块纪念碑。与前代不同，明孝陵在神道前端增建巨大的神功圣德碑，使谒陵者在进入神道之前，首先感受到谒陵的肃穆气氛。孝陵的创新，为十三陵所继承，在神道前的碑亭正中建立大明长陵神功圣德碑。

牌坊是在寺庙、园林、陵墓等建筑群前设立的一种门形建筑物。陵墓前建立牌坊，主要用于表彰和纪念。巍然屹立在十三陵入口处的石牌坊，始建于嘉靖十九年（1540），是我国现存年代最久、规模最大的一座白石牌坊。牌坊全部采用大型汉白玉石构件组成，高 14 米，面宽 28.86 米，为五间六柱十一楼，额枋上覆庑殿顶。在汉白玉石基上，耸立着 6 根高大的方石柱。夹柱石上雕饰精美的双狮耍绣球，与柱脚表面的云龙浮雕、额枋上的云纹、仿木的斗拱融为一体，云腾浪涌，形态逼真，造型生动，使石牌坊成为一件无与伦比的艺术珍品。河南新乡的明潞简王墓区南大门，是一座三间四柱、无楼的冲天石牌坊，高 6 米，面宽 9 米。牌坊的额枋及石柱各面均雕刻云龙浮雕，刀法娴熟，造型优美，具有很高的艺术价值。

华表是设置在宫殿、坛庙、陵墓等建筑物前的装饰性石柱，对增强建筑群的气势具有重要作用。作为装饰石雕，华表常左右对称地设置在陵墓神道两侧，与石像生共同组成神道雕刻群。十三陵神道前碑亭的四角，耸立 4 座汉白玉华表，上面刻有蟠龙绕柱，形状与紫禁城承天门前的华表相同，造型俊秀，雕工精湛。靖江王墓群的地面建筑早已倾塌无存，唯有华表和石像生屹立在墓道两侧。王墓前八角形素面石柱华表上雕刻的蟠龙，造型生动，形态逼真。

建在三层汉白玉台基上的长陵祾恩殿，巍峨高大。殿前设 3 道石阶，中间御道上的云龙石雕，刀法娴熟，线条流畅，龙凤祥云等纹饰雕刻得十分精美。明代王墓中，以潞简王墓祾恩殿前的石雕，最为

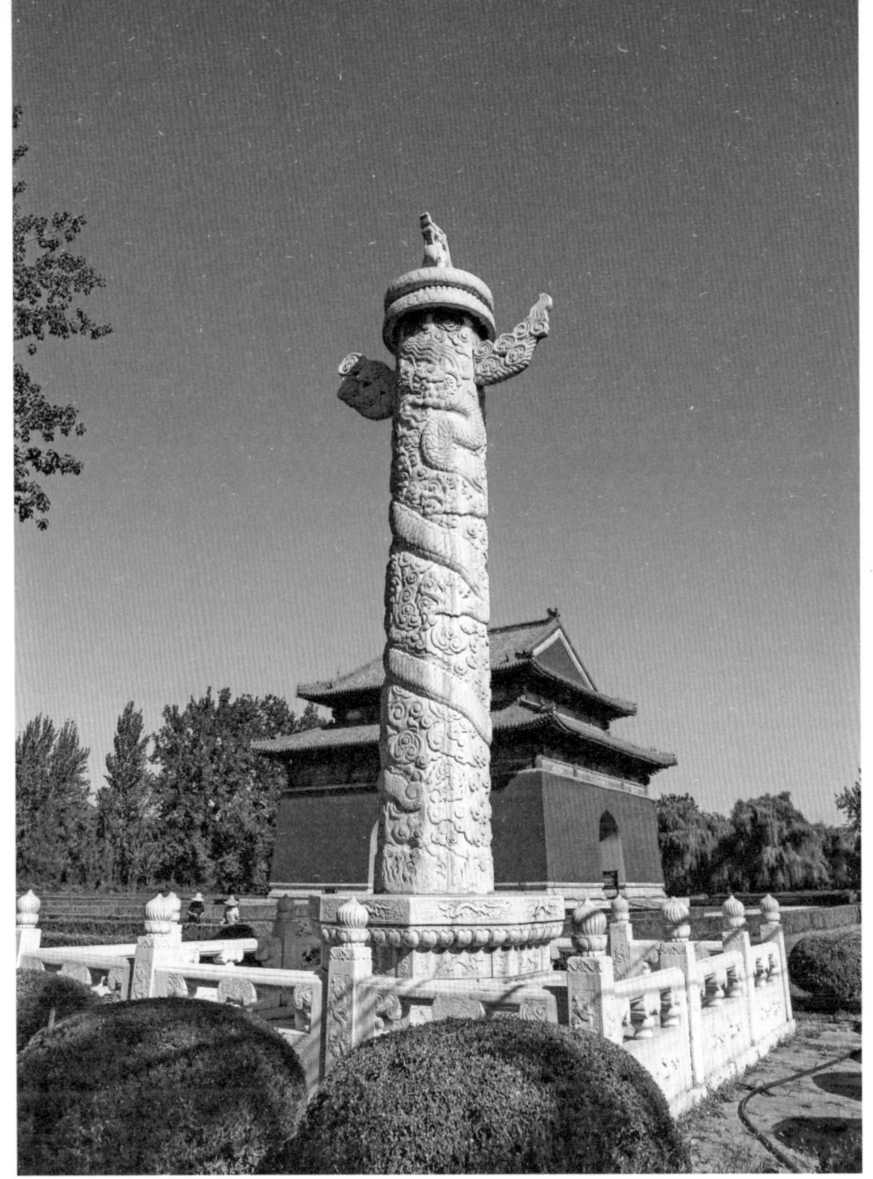

明十三陵华表

精致。定陵地宫石券门高超的雕刻技艺自不必说，就连定陵明楼的额枋、斗拱、檐椽、望板，也都用汉白玉雕成，是明代杰出的陵墓装饰石雕。

第五章

宗教建筑与雕塑

5

宗教建筑是人们进行宗教祭祀和活动的集中场所。中国宗教建筑的类型，主要有佛教寺庙、道教宫观和伊斯兰教清真寺，它们是伴随宗教的产生、发展与传播而兴建的。在中国本土繁衍的道教和从印度传入的佛教，其建筑形制深受中国传统建筑布局方式的影响，大多采用大屋顶的木结构房屋体系和群体组合方式，在院落中沿纵轴布置主体建筑，将次要建筑对称排列在两侧，附属建筑则安排在边缘部位。中国的清真寺虽然保持伊斯兰教建筑艺术的特色，但却是在大量吸收中国传统建筑艺术的基础上形成的具有中国特色的伊斯兰教建筑。

如果说，欧洲中世纪的教堂是在一座庞大而相对封闭的单体建筑物内部展开空间序列，以高耸云霄的穹隆、钟楼和尖塔把人的目光引向虚无缥缈的天空，渲染出一种神圣而崇高的宗教气氛；那么，中国宗教建筑则采取横向铺排的群体组合方式，使殿、堂、楼、阁等主体建筑与配殿、廊庑、亭台、花坛等附属建筑融为有机的整体，强调建筑物连续空间组合变化，以实体和空间互相搭配而取胜。因此，中国宗教建筑是神人同在的宫殿或府第等世俗建筑的翻版。“于是，不是孤立的、摆脱世俗生活、象征超越人间的出世的宗教建筑，而是入世的、与世间生活环境连在一起的宫殿宗庙建筑，成了中国建筑的代表。从而，不是高耸入云、指向神秘的上苍观念，而是平面铺开、引向现实的人间联想；不是可以使人产生某种恐惧感的异常空旷的内部空间，而是平易的、非常接近日常生活的内部空间组合；不是阴冷的石头，而是暖和的木质，等等，构成中国建筑的艺术特征。”①

第一节
佛教建筑

>>>

中国佛教建筑是随着佛教的传入而发展起来的。在流传近 2000 年的历史中，佛教成为中国古代大多数帝王提倡的宗教信仰，有时甚至将它定为国教而宣扬。因此，佛教建筑成为中国古代建筑的重要组成部分，全国各地建有大量的佛寺、佛殿、佛塔、石窟等不同类型的佛教建筑。

中国佛教建筑的形制是由中国传统建筑演化而来的。在中国古代，最初的寺并不是指寺庙，而是官署的名称。信奉佛教的汉明帝刘庄派人去西域取经，取经人用白马驮载经、像并同天竺高僧摄摩腾、竺法兰同归洛阳后，就住在接待外宾的官署——鸿胪寺。东汉永平十一年（68），汉明帝下令将鸿胪寺改建为专供僧人居住、供奉佛像的白马寺。

① 李泽厚《美的历程》，文物出版社，1981 年版，第 63 页。

此后，寺成为佛教建筑的通称。佛教传入中国的初期，寺庙建筑大多为官吏、贵族施舍现存的私邸或由官署改建而成。这类住宅式寺庙的特点是“以前厅为佛殿，后室为讲堂”，即将住宅与寺院融为一体。因此，中国的寺庙自创建之初，就带有中国建筑的传统形式，是在官府宅第的建筑形式及内部设置（楼阁、花木等）的基础上形成的中国式的佛教建筑。

明朝开国之初，明太祖朱元璋就建立僧官制度，在南京天界寺设立善世院司管理佛教，负责全国重要寺庙住持的任免和重要的建寺、塑像等活动。与前代相比，明代佛教虽然衰退，但寺庙建筑格局已经定型，建筑艺术高度成熟。群体寺庙建筑的布局沿袭中国传统的庭院形式，在南北中轴线上依次排列山门、天王殿、大雄宝殿、法堂、藏经阁等主体建筑，东西两侧建有钟楼、鼓楼、伽蓝殿、祖师殿、观音殿、药师殿等次要建筑及僧舍、斋堂、库厨等附属建筑，如山西太原崇善寺、北京智化寺。单体寺庙建筑以殿、阁或塔为主体，另辅以山门、天王殿、钟鼓楼、配殿、藏经楼等附属建筑。寺庙建筑结构大多为传统的柱梁式木构架，但明代开始出现砖拱结构的无梁殿，如江苏南京灵谷寺无梁殿。

藏传佛教寺庙是在元代随着藏传佛教传入内地而出现的新的寺庙类型。元世祖忽必烈拜萨迦寺法王八思巴为国师，负责全国宗教事务，使藏传佛教成为蒙、藏两族的主要宗教。元、明以后，藏传佛教寺庙的建筑格局形成定制。一般是由扎仓（经堂）、拉康（佛殿）、灵塔殿（保存活佛遗体）、转经廊、囊谦（活佛公署）、康村（高僧住宅）及藏传佛塔组成。其中，作为寺庙主体建筑的扎仓和拉康，体积高大，宏伟壮观，矗立在寺庙的中心位置，周围是数以千计的低矮的僧人住所，使寺庙的立体轮廓显得格外鲜明。藏传佛教寺庙的建筑布局与汉族地区的寺庙不同，没有明显的中轴线，而是根据地形较自由地布置各类建筑，不讲究格局对称。寺庙外观注重色彩对比，通过大面积的红色寺墙和白色经堂，并配以青、绿、墨色和大量金色作装饰，来体现藏传佛教建筑独特的色彩处理手法。明代著名的藏传佛教寺庙有西藏的哲蚌寺、色拉寺、甘丹寺、扎什伦布寺，青海的塔尔寺等。

一、佛寺

佛寺是佛教信徒供奉佛像、舍利，进行诵经拜佛等宗教活动的梵宫圣地。佛寺在中国历史上有许多名称，如浮屠祠、兰若、伽蓝、精舍、禅林、塔庙、寺、庵、庙等。明代以后，通称为寺或庙。

早期佛寺是按照汉代官署布局建造的，为传统的庭院形式。至南北朝，由于受印度佛寺的影响，中国佛寺形成塔庙与石窟寺两种不同的形制。塔庙，俗称浮屠寺，是一种以塔（浮屠）为主体建筑，周围建造廊庑殿堂的独特的寺院格局。石窟寺是依山凿壁而成的佛寺，窟内雕塑佛像和神龛，石窟左右开凿僧房，石窟前面兴建寺院，使石窟和寺院融为一体。隋、唐时期，以供奉佛像的大殿成为寺院的主体建筑，塔已由寺院的中心退居次要位置，或建于佛殿之后，或建于寺院旁边的塔院。宋代，佛寺建筑盛行佛殿、法堂、僧堂、库房、山门、西净、浴堂，较大的佛寺建有钟鼓楼、罗汉堂，并有塔、幢、碑、碣点缀其间。至明代，中国佛寺建筑的程式化已最后完成。常见的佛寺建筑格局是，在南北中轴线上有序地排列着山门、天王殿、大雄宝殿、后殿、法堂、罗汉堂、观音殿、藏经阁等规模宏大的建筑群，这种将主要殿堂布置在一条中轴线上的布局，是中国佛寺建筑的主要特色。

明代的佛寺建筑遍布全国，有的是对前代佛寺的重建，有的为明代始建。其中，汉族地区的著名佛寺有山西太原崇善寺、安徽凤阳龙兴寺、青海乐都瞿昙寺、北京智化寺、北京法海寺、四川平武报恩寺、江苏南京灵谷寺、安徽九华山祇园寺等。云南傣族佛寺在傣族人民的生活中占有重要地位，是他们喜爱和崇敬的宗教建筑，具有鲜明的傣族特色，曼阁佛寺为典型实例。

（一）崇善寺

崇善寺在山西太原市东南隅。原名白马寺，始建于宋代。洪武十四年（1381），明太祖第三子晋恭王朱棡为纪念其母高皇后，在白马寺故址建造此寺。据清代《阳曲县志》记载：崇善寺“南北宽三百四十四步，东西广一百七十六步。建大雄宝殿九间，高十余仞，周以石阑，回廊一百四楹，后建大悲殿七间，东西回廊、前门三楹、重门五楹、经

太原崇善寺

阁、法堂、方丈、僧舍、厨房、禅室、井亭、藏轮具备。”其后，成化、正德、嘉靖年间曾多次修葺。清同治三年（1864）毁于火灾，仅存大悲殿及山门、钟楼、东西厢房等附属建筑。

从现存的一幅绘于成化十八年（1482）的崇善寺总图，可知其规模宏伟壮观，确为明代一座著名的佛寺。寺院布局遵循中国古代大型建筑群的传统形制，以甬道分成南北两部分。南部建有仓、碾、园等寺僧生活居住的建筑。北部是寺院的主体部分，在中轴线上排列着大雄宝殿、后殿、大悲殿等主要建筑，主体廊院的东西两侧分为八个小院。

大雄宝殿为正殿9间，重檐庑殿顶，下为白石台基，以廊与后殿相连，形成工字殿。大悲殿是典型的明代建筑，高大雄伟，面阔7间，进深5间，重檐歇山顶，覆绿琉璃瓦。外檐斗拱根据开间的宽窄灵活安排，出檐深远而舒展，上檐为单翘重昂七踩斗拱，下檐为重昂五踩。外檐装修的隔扇裙版形制古朴，不加雕饰。殿内神台上供奉三尊大佛，中为高达 8.5 米的千手千眼观音，左立文殊，右侍普贤，造型典雅，衣纹线条流畅，是典型的明代塑像，有很高的艺术价值。大悲殿前有明代铸造的两口大铁钟。山门外有一对洪武年间铸造的铁狮子，威武雄壮。

（二）龙兴寺

龙兴寺在安徽凤阳县城北凤凰山日精峰下。明太祖朱元璋幼年曾在皇觉寺为僧，洪武十六年（1383）将皇觉寺迁至此处重建，赐名龙兴寺，并亲撰《龙兴寺碑文》。

龙兴寺是明中都城内的重要寺庙。寺为南北向，有明显的南北中轴线。拱门设置在寺前道路正中，中间设拱券洞门，两侧建有红色实墙，上覆筒瓦墙檐，和两侧墙面形成屏风墙式重楼。券洞上方镶有“龙兴古刹”字牌。山门后轴线上布置有石幢、六角亭、大雄宝殿等主体建筑。石幢和大雄宝殿之间的甬道两侧建有白石栏杆。

安徽龙兴寺

大雄宝殿建在月台上，面阔 5 间，进深 3 间，梁架尚存，但屋顶和立面已面目全非。殿前甬道两侧各置铜锅两口，可供千人食粥。院落两侧的东西配殿和廊庑，经多次兴废亦非当年旧貌。

六角亭是一座造型奇特的亭子。亭为单檐六角攒尖顶，各角起翘，造型优美。亭身为封闭式，除前后开两个券门外，其余各面开设六角洞窗，窗和檐板涂以红色，墙面呈灰黑色。

龙兴寺初建时，规模宏大，有佛殿、法堂、僧舍 380 余间，常住僧人数百名，是明初著名的寺院。然而，经过历史的变迁，如今已失去当年的风貌。明太祖所撰《龙兴寺碑文》，叙述了建寺过程和他幼年的僧侣生涯及南北征战经历，具有较高的文物价值。

（三）瞿昙寺

瞿昙寺位于青海省海东市乐都区南约 20 千米的山沟里，背依罗汉山，面临瞿昙河，遥望雪山，是一座融汉藏建筑风格于一体的宏伟寺庙。瞿昙即乔达摩，是释迦牟尼的姓氏和尊称。据寺院碑志记载，明代以前，当地已建有佛寺。洪武二十六年（1393），因寺院住持三罗藏拥护明王朝，明太祖特赐寺额“瞿昙寺”，由此得名。永乐年间，明成祖朱棣又令三罗藏之侄班丹藏卜主持寺院。之后，经明洪熙、宣德两代的扩建，瞿昙寺成为明代著名的佛寺。

瞿昙寺虽为藏传佛教寺院，但寺庙建筑采用汉式庙宇形制。寺院共有三重院落，由前至后依山势而升高。南北中轴线上疏密有致地排列着山门、金刚殿、瞿昙殿、宝光殿、隆国殿等主体建筑，东西两侧配以碑亭、莲花宝塔、配殿、钟楼、鼓楼及壁画长廊等次要建筑。寺庙建筑的布局和建筑物的轮廓形象大多遵循汉族传统，但建筑物的细部装饰，如砖雕、雀替、纹样等则采用藏传佛教建筑独特的处理手法，具有明显的地方民族风格。

瞿昙寺始建于洪武二十六年，面阔 5 间，进深 4 间，重檐歇山顶，殿前设有较深的半敞式抱厦。外墙内有夹墙，形成暗廊，这是藏传佛教寺庙常用的建筑手法。主殿隆国殿建在后院大月台上，始建于宣德二年（1427）。面阔 7 间，进深 5 间，重檐庑殿顶，九踩斗拱，外形宏伟壮观。

瞿昙寺隆国殿模型

自金刚殿两侧，经钟楼、鼓楼，直至隆国殿两侧，建有51间半敞式壁画廊。这些壁画以连环画的形式讲述释迦牟尼一生的故事。在画面景物中，日月星辰、山川云雨、亭台楼阁、花草树木、飞禽走兽、人物器具等应有尽有，而且场面宏大，层次分明，画技精湛。瞿昙寺壁画堪称一绝，是国内佛寺罕见的艺术珍品。

（四）智化寺

智化寺在北京东城区禄米仓胡同东口。始建于明正统八年（1443），初为司礼大监王振的家庙，后赐名报恩智化寺。“土木之变”时王振为乱军所杀，英宗复位后，于天顺元年（1457）在寺内为王振建旌忠祠，并塑像祭祀。

寺院共四进院落，自山门起，由南向北依次为钟楼、鼓楼、智化门、智化殿、东西配殿（大智殿、藏殿）、如来殿、大悲堂、万法堂等。寺内主要建筑均用黑琉璃瓦镶脊，显得十分庄严华贵，确为佛寺建筑中

明代智化寺钟

罕见的实例。

如来殿是寺内的主体建筑，为阁楼式建筑，分上下两层。下层面阔5间，上层面阔3间，四周建有围廊，上覆庑殿顶。殿内供奉如来佛。上层墙壁遍布小型木制佛龛近万尊，又称万佛阁。阁内明间顶上原有雕饰精美的斗八式天花藻井，最妙处是藻井周围边缘的小天宫楼阁和楼阁下的小佛龛，这些雕刻精美的艺术品将藻井衬托得更加美丽。可惜这座藻井在20世纪30年代被寺僧盗卖，现藏于美国纳尔逊美术馆。

智化寺是北京城内保存比较完整的明代佛寺建筑。寺内殿堂虽经多次修葺，但梁架、斗拱、彩画、琉璃瓦件、须弥座花纹等仍保持明代建筑艺术的特色，是研究明代建筑的珍贵实物资料。

（五）报恩寺

报恩寺在四川平武县城内，是一座规模宏大，金碧辉煌的宫殿式寺庙。

平武县古时属龙安府。明正统五年（1440），龙安府佥事王玺拟仿照北京紫禁城的形制为自己建造府第，被朝廷察觉，因僭越制度而险些问罪。于是，王玺以“报答皇恩”为名，向朝廷奏修报恩寺。明英宗朱祁镇为利用王玺来统治边远山区，颁旨“既是土官不为例，准他这遭”，王玺便将圣旨刻在石碑上，立于寺中，并在山门匾额上题写“敕修报恩寺”。寺内建筑营建多年，直至天顺四年（1460）才竣工。

报恩寺前广场立有一对华表，山门前设置一对石狮，山门内建造三

平武报恩寺

报恩寺被称作缩小版故宫，是中国目前保存完好的明朝宫殿式佛教寺院建筑群，是四川平武地区古代历史、文化、宗教和艺术遗迹的典型代表。

座金水桥，布局酷似紫禁城的前庭，而山门外的一对八字墙，形制又模仿紫禁城的后宫。全寺占地近 2.5 万平方米，以重檐歇山顶的大雄宝殿为中心，前有天王殿，后有万佛阁，左有大悲殿，右有华严藏。南北中轴线上排列有序的主体建筑金碧交辉、琉璃争耀，与两侧的塔幢、石狮、碑亭相互映衬，加上周围簇拥的戒台、禅室、库舍、斋房等附属建筑，使整座寺院布局严谨，装饰华美，成为一组宫殿与寺庙相结合的建筑群。

报恩寺建筑全用楠木，屋顶覆盖玻璃瓦，梁枋、斗拱、藻井施以彩画，装饰富丽堂皇。位于中轴线最北端的万佛阁，是一座两层阁楼，重檐歇山顶，显得宏伟壮观。华严藏内完整地保存一座楠木雕成的转轮经幢，高 12 米，直径 7 米，全部重量由一根立在铁铸地针上的中柱支撑，旋转轻松自如。大悲殿、大雄宝殿及万佛阁内有精美的雕刻和壁画，是研究明代绘画艺术的宝贵资料。

为适应防震要求，报恩寺在建筑结构上采取一系列独特的处理手法，特别是将正心桁做成矩形断面，使纵横交接处啮合紧密。500 多年来，历经多次大地震的严峻考验，报恩寺建筑群安然无恙，充分显示了中国古建筑木结构体系抗震的优越性。

（六）曼阁佛寺

云南西双版纳地区自 13 世纪从缅甸、泰国传入佛教小乘教派后，开始修建佛寺。其佛寺建筑形制与汉族地区佛寺不同，不是在封闭的庭院内布局，而是在场地中心建造佛殿，沿东西向布置建筑群。西双版纳的傣族村寨几乎都有佛寺，景洪澜沧江畔的曼阁佛寺为典型的实例。

曼阁佛寺约建于傣历八四〇年（1477），主要建筑有佛殿、经堂、僧舍等。佛殿平面为矩形，由东端入内，纵深长 8 间。殿内选用木料粗壮结实，由 16 根木圆柱支撑大屋顶，并用两圈柱子把大殿分成内外两个空间，内空间高大宽敞，外侧空间较低矮。曼阁佛寺最大的建筑特色是变体形的巨大屋顶。屋顶为重檐歇山式，上层屋面两坡水甚陡有举折，下层屋面四坡水稍缓无举折，上下层屋面沿纵向均分为三段，中间凸起，上下重叠，将巨大的屋顶变为玲珑秀丽的造型。佛殿墙上无窗，只是利用屋顶之间的空隙通风采光。因此，殿内光线昏暗，营造一种神秘肃穆的宗教气氛。佛殿的柱身、屋架、梁枋、天花等均以红色彩绘并加贴金，梁下有汉族建筑常用的龙、象、孔雀等图案，描绘精细，显得富丽堂皇。经堂位于佛殿侧，建在高大的台基上，屋顶形制与佛殿相同，但因体积较小，显得玲珑轻巧，与佛殿相互映衬。

曼阁佛寺以其秀美的外部造型，独特的建筑风格，成为明代傣族佛寺的杰出代表。

二、藏传佛教寺庙

藏传佛教寺庙既与汉族地区佛寺有一定的渊源关系，又受印度佛教建筑的影响，是中国佛教建筑中独具特色的寺庙建筑。最初，西藏的建筑主要是“依山居止，累石为室”的碉房。自唐代传入汉族的建筑技术后，在碉房建筑的基础上，逐步形成独特的藏传佛教建筑艺术，如创建于公元 7 世纪吐蕃王朝松赞干布时期的大昭寺、小昭寺，创建于公元 8 世纪第五代吐蕃王赤松德赞时期的桑鸢寺，均为西藏历史上著名的藏传佛教寺庙。

明代，西藏与内地的关系更加密切，政治经济日益融合为一体。永乐七年（1409）藏历正月初一至十五，由藏传佛教格鲁派创始人宗喀巴主持召开的拉萨大祈愿会，宣告了格鲁派的诞生。宗喀巴及其弟子相继在拉萨东郊兴建甘丹寺，在拉萨城西建哲蚌寺，在拉萨城北建色拉寺，这便是拉萨著名的三大寺。格鲁派势力日盛，很快发展为西藏佛教的最大教派。明中叶后，格鲁派传播到青海和蒙古，相继兴建塔尔寺、大召等著名的藏传佛教寺庙。

（一）甘丹寺

甘丹寺在拉萨市东郊约 60 千米的达孜区境内，是藏传佛教格鲁派的第一座寺院，被奉为格鲁派的祖庭。

永乐七年，宗喀巴创立格鲁派后，在帕竹地方贵族仁钦贝、仁钦伦布父子的资助下，在拉萨河南岸旺尔古山山坳创建了这座规模宏大的藏传佛教寺庙。此处海拔 3 800 米，远远望去，旺古尔山像仁慈的度母（藏传佛教女神名），把甘丹寺紧紧揽在怀中。宗喀巴的法座继承人、历代格鲁派教主甘丹赤巴都居住在这所寺庙。

甘丹寺的规模相当于三个布达拉宫，由拉基大殿、康村、米村及佛堂僧舍等 50 多个建筑单位组成，群楼重叠，气势雄伟。

拉基大殿是甘丹寺的主要殿堂，可同时容纳 3 000 多名僧人在内诵经，重楼复殿，颇为壮观。殿内供奉弥勒佛和宗喀巴铜像，设有宗喀巴生前法座，后面竖着锦缎伞盖。司东陀殿是供奉宗喀巴遗体灵塔的殿堂，共有二层。赤多康是宗喀巴生前的居室，室内有宗喀巴圆寂的坐床。

寺内收藏大量的珍贵文物和工艺品，保存着历代甘丹赤巴的遗体灵塔 90 多座。由于宗喀巴曾为寺院首任池巴（相当于寺院住持），使这座寺庙在拉萨三大寺中占有显赫地位。

（二）哲蚌寺

哲蚌寺在拉萨西郊约 10 千米的根培乌孜山南麓，为格鲁派最大的寺院。

哲蚌寺始建于永乐十四年（1416），由宗喀巴弟子绛央却杰主持建造。寺院依山而建，占地面积约 25 万平方米，主要建筑措钦大殿、噶丹颇章、四大扎仓及康村等沿着坡地逐层建造，错落重叠，气势壮观，联成一座美丽的山城。全寺建筑以白色为主调，远远望去，犹如一座座雪白的米堆，故以哲蚌为寺名，译成汉语即“堆积的大米”。

哲蚌寺的正殿措钦大殿是一座典型的藏式建筑，其平面按转经礼仪布置，由门厅或前廊围成的天井、经堂、佛殿构成一组完整的建筑群。措钦大殿平面呈方形，高 3 层，底层有 183 根大柱排列其中，正中供文

拉萨哲蚌寺

拉萨哲蚌寺大殿

殊菩萨和白伞盖像。殿内虽有凸起的天窗采光，但天窗周围挂满五色缤纷的唐卡、帷幕，使得光线幽暗，唯有一束光线穿过天窗直射佛像。二楼为甘珠拉康，是收藏甘珠尔经典（大藏经）的藏经殿。三楼供奉巨大的强巴佛铜像。四楼供奉释迦牟尼佛，两侧有 13 座银塔。措钦大殿的经堂面积为 1 850 平方米，可容纳六七千僧人诵经，殿前有约 2 000 平方米的片石广场，其规模在西藏首屈一指。

哲蚌寺西南部的噶丹颇章，是二世达赖根敦嘉措于嘉靖九年（1530）主持修建的宫室。此后，三世、四世、五世达赖均在此居住，直到布达拉宫竣工后，才移居布达拉宫。万历六年（1578），三世达赖索南嘉措应成吉思汗第十七世孙、蒙古土默特部俺答汗的邀请，赴青海讲经传法。此后，凡任哲蚌寺寺主的即为达赖，直到五世达赖搬进布达拉宫为止。

哲蚌寺附近修建许多规模不一的康村，是供青海、四川、甘肃等地僧人居住的僧舍。僧舍内有一内天井，周边回廊，较大的僧舍还建有经堂和厨房，均涂以白色。

由于哲蚌寺是经过多年兴建而形成的宏大建筑群，事先缺乏总体的建设规划，因此，建筑布局呈明显的不规则性。

（三）色拉寺

色拉寺在拉萨市西北约 5 千米的色拉乌孜山麓。色拉是藏语音译，其意为“酸果林”。据记载，拉萨北山下生长一种叫作“色”的酸果树，当年宗喀巴骑马经过这片果林，坐骑竟无故三鸣。宗喀巴断定，这里三年后将有马头金刚降临，应当建寺供奉。永乐七年（1409），明成祖派钦差来藏迎请宗喀巴进京，宗喀巴因大病初愈，便派弟子绛钦曲结代替自己进京朝见皇帝。绛钦曲结进京后，被明成祖封为“佛学大国师”，得到朝廷的厚赐。永乐十七年（1419），绛钦曲结回到拉萨后，为供奉皇帝所赐佛像及佛经，受宗喀巴委派，在贵族留宗的资助下，主持修建色拉寺。

与其他建在山顶或山腰的藏传佛教寺庙不同，色拉寺在选址上独具特色。它将建筑群布置在山麓平地，依山面水，殿堂毗连，宏伟壮观。

拉萨色拉寺

若从布达拉宫远眺色拉寺，可见殿堂僧舍的白墙金顶跃然于褐色山坳之中，犹如一座奇异美丽的山城。

初建时，色拉寺的主要建筑为麦扎仓、结扎仓、阿巴扎仓、康村等。寺院以扎仓建筑居主体地位，康村为附属建筑，见隙安置。阿巴扎仓规模较大，平面呈方形，高两层，底层经堂内有46根大柱，西墙整壁为通顶的大经架，二层为绛钦曲结灵塔殿。寺内保存绛钦曲结由北京带回的大藏经、明代织造的大慈法王缂丝像及各类佛像、唐卡、法器、供器等珍贵文物。

同西藏其他藏传佛教寺庙一样，色拉寺建筑群并无事先的整体规划，而是逐步建成的一片寺院，如主殿措钦大殿是在清康熙四十八年（1709）建造的。但由于扎仓等主体建筑规模宏大，装饰精美，具有统摄寺院全局的作用，整座寺庙显得并不杂乱无章。特别是以白色为统一的建筑色彩，使寺院虽无整体规划，仍给人一种和谐有序的审美感受。

（四）扎什伦布寺

扎什伦布寺在西藏日喀则市城西的尼色日山下，是藏传佛教格鲁派在后藏地区规模最大的寺院，也是历代班禅驻锡之地。

扎什伦布寺创建于明正统十二年（1447），由宗喀巴的弟子根敦珠巴主持兴建。取名扎什伦布，意为“吉祥须弥山”。万历二十八年（1600），四世班禅罗桑曲结坚赞任扎什伦布寺住持时又加以扩建。后又历经增建，成为拥有大小经堂56个，面积近30万平方米的规模宏伟的建筑群。四世班禅以后，这里成为历代班禅举行宗教和政治活动的中心。

扎什伦布寺的总体布局采用藏传佛教经学院的传统布置手法，由宫殿（班禅拉章）、勘布会议（后藏地方政府最高机关）、班禅灵塔、经学院等主体建筑及众多的僧舍和附属建筑组成。殿堂沿山麓自东向西横向布置，东部为高大的赛佛台大墙面，中部是巍峨庄严的班禅宫殿、措钦大殿、班禅灵塔殿，寺院南面的平地上布置低矮的僧舍及其他附属建筑物。寺院总体布局虽无明显的中轴线，但沿山麓修建的建筑群毗连错

扎什伦布寺

落，鳞次栉比，雄伟壮观的殿堂金顶碧瓦，富丽堂皇，与附属建筑之间主次分明，形成鲜明的对比。

措钦大殿是全寺僧人集会的场所，为全寺最早的一座建筑，面阔 9 间，进深 7 间，约 580 平方米。殿内满绘壁画，两边柱子上刻有罗桑曲结坚赞与四世班禅的立像，周围有宗喀巴师徒造像及十八罗汉像等，颇为精湛。大殿门外的讲经场，是班禅向全寺僧人讲经和僧人辩经的场所。大殿东侧为弥勒殿，始建于天顺五年（1461），殿内供弥勒像。像高 11 米，由尼泊尔工匠与藏族工匠合作制成。大殿西侧的度母殿，供奉度母铜像，两侧为泥塑度母像。

班禅宫殿位于措钦大殿北侧，四周有围廊，为封闭式建筑，是班禅居住和处理政务、宗教事务的地方。主要建筑有大殿、朝拜殿、佛殿、班禅寝宫及办事人员用房等。

（五）塔尔寺

塔尔寺在青海省西宁市湟中区鲁沙尔镇西南隅。此地为藏传佛教格鲁派创始人宗喀巴的诞生地。明嘉靖三十九年（1560），当地僧人仁钦尊追嘉措为纪念宗喀巴，在此建造一座小寺。万历八年（1577），他又修建弥勒佛殿，使寺院初具规模。后经多次扩建，成为甘肃、青海地区最大的藏传佛教寺庙。

塔尔寺以纪念宗喀巴的菩提塔和菩提塔殿为中心，在莲花山两侧和山涧阶地上，众多的殿宇、经堂、僧舍、佛塔建筑等依山就势，重叠错落，组成布局完整，彼此呼应的融汉藏艺术风格为一体的庞大建筑群。

菩提塔殿是塔尔寺的主殿，也是寺内最引人注目的建筑。殿为三层重檐歇山汉式建筑，因屋顶盖有鎏金铜瓦，俗称大金瓦殿。底层正面有明廊抱厦，二层外墙镶棕黑色边麻装饰窗，三层为四面檐廊式阁楼，屋脊上装饰宝塔和火焰掌，四角设置龙头套兽和铜铃，造型庄严大方，气势雄伟壮观。殿正中耸立一座高 11 米的银塔，是纪念宗喀巴

塔尔寺

的菩提塔。相传此处是宗喀巴出生埋胞衣的地方，塔尔寺之名亦由此而来。

护法神殿（小金瓦殿）始建于崇祯四年（1631）。主殿突出汉式歇山金顶，正脊装饰宝瓶，四角设置套兽；窗口则作梯形砖框，墙为黑色并加铜镜装饰，具有明显的藏式建筑风格。殿内有10多尊造型怪异的金刚力士像和其他佛像，殿外建有二层藏式建筑的壁画廊，绘满各种精美的壁画。

大经堂始建于万历三十四年（1606），是塔尔寺宗教组织的最高权力机构。面阔13间，进深11间，建筑面积1 981平方米，为二层平顶建筑。底层经堂较大，可容上千人诵经。矗立在堂内的108根柱子上部，都雕刻精美的图案，外面用彩色毛毯包裹，并缀有各种颜色的刺绣飘带。经堂内还悬挂着各种绸缎剪堆和堆绣的佛像、佛经故事图和宗教生活图。屋顶安置各种式样的鎏金经幢、宝瓶、倒钟、宝塔、法轮、金鹿等，把大经堂装饰得金光闪耀，灿烂夺目。

从塔尔寺的整体布局来看，虽有汉族建筑传统的影响，以主体建筑为中心组成建筑群，但并没有拘泥于汉式的严谨对称和轴线分明，而是依山就势，自由地安置建筑物。虽然建筑物鳞次栉比，高低不一，但相同的建筑手法，红白相映的色彩，则产生统一有序的审美效果。

世称塔尔寺有“三绝”，即酥油花、堆绣和壁画。每年藏历正月十五举行灯节大会，展览各式各样精美的酥油花雕，吸引藏、蒙、土、汉各族佛教徒参观。堆绣是把彩缎剪成造型图像，用羊毛、棉花充填后，绣在大幅布幔上。堆绣艺术的立体感强，形象生动，色彩鲜明，为塔尔寺所独有。寺内各殿堂都有壁画装饰，在墙壁、栋梁、布幅上随处可见。塔尔寺壁画采用藏族传统的金碧重彩描法，具有色彩艳丽，线条均匀，装饰性强的特点。

塔尔寺多姿多彩、性格鲜明的建筑形象及寺内久负盛名的宗教雕塑、壁画、堆绣、酥油工艺品和鎏金佛像，使塔尔寺在藏传佛教寺庙中独放异彩，被格鲁派誉为继释迦牟尼诞生地之后的第二圣地。

（六）美岱召

美岱召在内蒙古包头市萨拉齐镇东20千米处，北依大青山，南临黄河，是蒙古族土默特部落修建的第一座召庙。

明隆庆年间（1567—1572），蒙古土默特部阿勒坦汗受封为顺义王后，引入藏传佛教，并在土默川上兴建城寺。万历三年（1575）城寺竣工，朝廷赐名福化城。万历三十四年（1606），西藏活佛迈达里呼图克图来此传教，人们便把城寺称为迈达里召、迈大力庙，俗称美岱召。

美岱召是内蒙古仅有的一座兼具城堡、寺庙、邸宅三项功能的藏传佛教寺庙。四周围有高 5 米，边长 190 米的城墙，城体外砌毛石，内用黄土夯筑。城墙四隅的墩台向外延伸 11 米，上建重檐方亭。南墙正中开设城门，门洞为砖砌拱券式，初建时门上有三重檐楼阁，现已塌毁。进入城门，召内主要建筑布置在南北中轴线上，依次为天王殿、大雄宝殿、琉璃殿和楼院，东西两侧散布着风格各异的佛殿。东部有正方形双檐式的顺义王三娘子的殡宫，俗称太后庙。西部有藏族碉房式的乃春庙，汉族风格的重檐八角亭式的老君庙。东北部有民居式二层楼的万佛殿。

大雄宝殿是美岱召的主体建筑，采取汉藏结合的内蒙古藏传佛教寺庙布局方式，前面有廊，廊内有经堂，经堂后面为高大的大雄宝殿。前廊和经堂侧墙为藏式建筑风格。

琉璃殿是一座三层楼阁，建在正方形高台上，雄伟壮观。殿为三开间，上覆琉璃瓦，四周有廊。相传阿勒坦汗即在此接受朝拜。殿后的宅院有一幢装饰精美的硬山式二层楼房，顺义王家族世代在此居住。

作为一座城寺结合、神人共居的藏传佛教寺庙，美岱召为研究蒙古族土默特部落的历史，提供了宝贵的实物资料。

（七）大召

大召在内蒙古呼和浩特市旧城内，蒙古语称伊克召，意为大庙。它是呼和浩特修建最早、规模最大的一座藏传佛教寺庙。

蒙古族土默特部阿勒坦汗受封为顺义王后，在此修建城池和寺庙。寺庙建成于明万历八年（1580），明朝政府赐阿勒坦汗所建之城为归化城（今呼和浩特），赐名所建寺庙为弘慈寺。万历十四年（1586），达赖三世来到归化城，在寺中为银佛开光，从此大召盛名享誉漠南，归化城

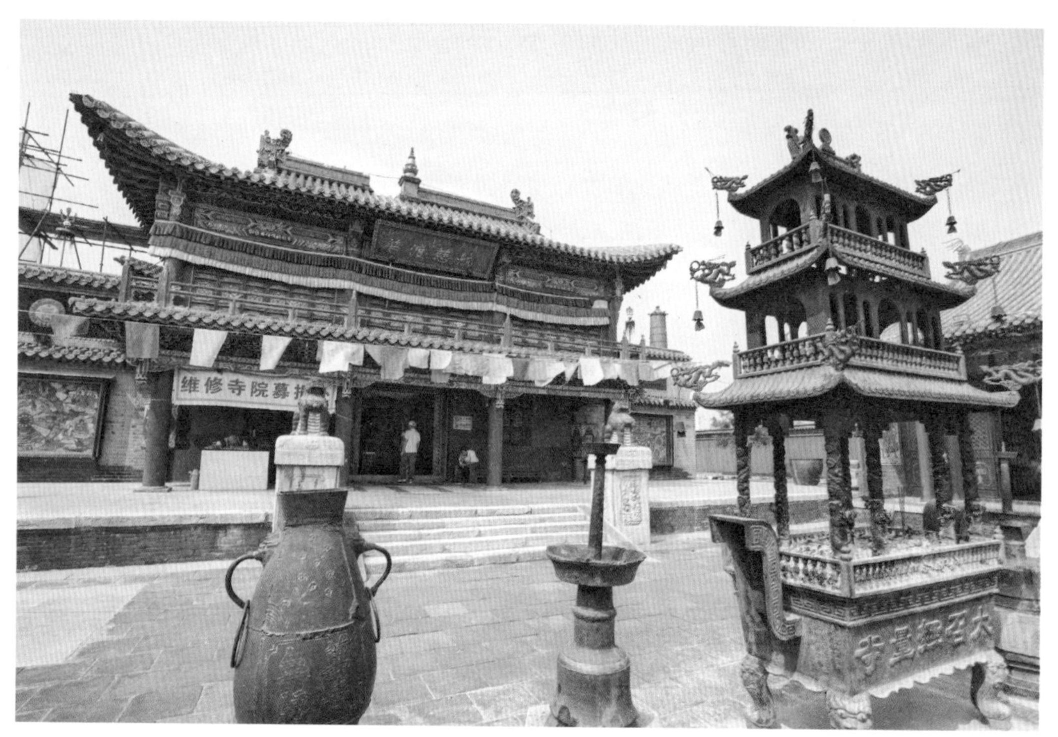

大召寺

也被称为召城。

大召是融汉藏建筑风格为一体的藏传佛教寺庙。平面布置采取汉式庙宇形式，分东、中、西纵向排列。东部称为东仓，主要为印务处。西部称为西仓，有乃春庙、庙仓、僧舍等建筑。中部以寺庙的主体建筑大殿为中心。大殿是典型的藏式寺庙建筑，由前殿、经堂、佛堂三部分组成。大殿入口为双层三开间的前殿，下层是空廊，上层由歇山式顶覆盖。经堂位于前殿北面，单檐歇山顶，外墙上部有藏式女儿墙。双层歇山顶的佛堂与经堂紧紧相连。佛堂正中供奉三尊巨大的银佛，分别为如来佛、释迦牟尼佛、弥勒佛。大召因此又称银佛寺，银佛左右供奉宗喀巴、三世达赖和四世达赖的铜像。

三、佛塔

佛塔，简称塔，是随着佛教的传入在中国出现的一种宗教建筑类型。佛塔起源于古代印度，中文译为“窣堵坡”或“塔婆”，为梵文 stupa 与巴利文 thupo 的音译。古印度最初的塔，其形式为一个半圆覆钵形的大土冢，冢顶有竖杆及圆盘。在印度，塔是佛寺中佛教徒膜拜的主要对象。

中国建塔，始于东汉初佛教在中国的传播。但中国早期的塔并非印度塔的照搬，而是在中国原有的高层楼阁的基础上，吸收印度窣堵坡的建筑形式，即在多层楼阁的顶上设置一个印度式的窣堵坡作为标志，从而创造出具有中国建筑风格的新型佛塔——楼阁式塔。这种塔出现于东汉末年，以南北朝时期数量最多，是中国佛塔的主要形式。据《三国志・刘繇传》载，东汉献帝初平四年（193），笮融在徐州建造的浮屠祠，已经是“下为重楼，上累金槃，又堂阁周回，可容三千许人”的庞大建筑群。这是目前所知有关楼阁式塔的最早文献。此后，印度婆罗门教的密檐式塔也影响到中国。最早的实例是北魏的登封嵩岳寺塔。密檐式塔在隋、唐时有所发展，典型实例为陕西西安荐福寺小雁塔。后广泛流行于辽、金境内，如建于辽大安五年（1089）的山西灵邱县觉山寺塔。由于元代皇帝信奉藏传佛教，元代以后，源于尼泊尔的瓶形藏传佛塔传入中国，如建于元至元八年（1271）的北京妙应寺白塔，这是中国现存最早、最优美的藏传佛塔。至明代，体现藏传佛教曼荼罗形象的金刚宝座塔开始在中国出现。这种塔的基本形体起源于印度的菩提迦耶塔（建于公元前 2 世纪）。虽然敦煌石窟中的隋代壁画已出现这种塔，但最早的实例是建于明成化九年（1473）的北京真觉寺金刚宝座塔。由于琉璃建筑材料的大量生产，明代琉璃塔的数量增多，如南京大报恩寺琉璃塔、山西洪洞县广胜寺飞虹塔。西藏、青海藏传佛教寺庙中豪华的金银珠宝舍利塔，在明代佛塔中独放异彩。

古印度的塔是寺庙建筑的主体，皆建在山门至大雄宝殿前的中央处。佛教传入中国后，塔在寺庙中的位置屡次变迁。南北朝时期，佛寺布局流行以塔为中心的前塔后殿式，佛殿环塔而建，如河南登封嵩岳寺即以塔为主体进行平面布局的。隋、唐时期，塔逐渐退居佛殿之下，或以较小的体积置于佛殿之前，或建于佛殿侧面。至宋代，佛殿一跃而成寺庙的主体建筑，塔则建在后面的塔院，形成前殿后塔的建筑布局。元代以后，一般寺庙只建佛殿不建塔，塔已被佛殿所取代。明代寺庙的布局虽有繁简不同，但大体结构原则，均遵循唐、宋旧制，塔或者屹立在寺庙附近的高丘上，或者装点在园林风景观赏处，或者矗立于城市乡镇，或者置身于旷野荒郊。总之，塔更多的是作为寺庙、城镇所在的标志，或美化风景的建筑，其宗教意义已明显淡化。

（一）白居寺菩提塔

在西藏大量的藏传佛塔中，规模最宏大，造型最奇巧的，当属被誉为“群塔之王”的白居寺菩提塔。菩提塔的藏名为贝根曲登，俗称八角塔。它巍然屹立在江孜白居寺的中心，成为江孜古城的重要标志。

据《江孜地区佛教源流》记载，菩提塔于永乐十二年（1414）动工兴建，由于规模巨大，形制独特，历时十载建成，用工超百万。

菩提塔是一座具有鲜明艺术特色的藏传佛塔。塔的基座平面采用四面八角形式，但比一般藏传佛塔要铺展得多，东西长 50 米，南北宽 40 余米，占地达 2 200 平方米。塔座高 5 层，逐层向上收分。塔身比塔座要小得多，是一个 20 米的圆柱体。塔刹高约 5 米，鎏金铜制，富丽堂

白居寺菩提塔

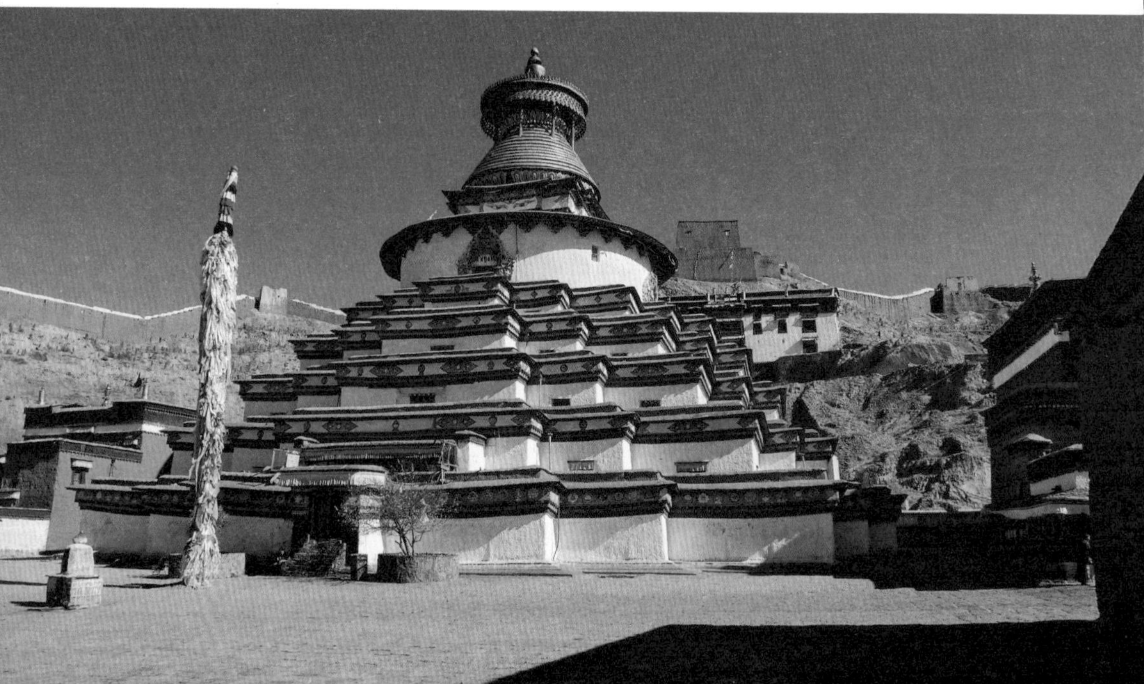

皇。刹座上安放粗壮的相轮刹身，上覆宽大的华盖，华盖上设置一座小型藏传佛塔。全塔共 11 层，高 40 米，造型曲折多变，如同一座自下而上逐层收缩的藏式碉楼，形象既精美华丽，又庄严雄伟，不愧为中国建筑史上独一无二的珍品。

菩提塔从塔座、塔身到相轮，辟有 108 个门，77 间佛殿、龛室和经堂，素有“塔中寺”之称。在一座藏传佛塔内，安排如此多的塔室殿堂，确为佛塔建筑中的创举。每间殿堂中，都供奉佛像，四壁也绘有佛像。塔内共有泥、铜、金质塑像 3 000 余尊，加上壁画中的佛像，不下 10 万尊，所以菩提塔又被称为“十万佛塔”。

（二）大报恩寺塔

被明成祖朱棣题名为“第一塔”的大报恩寺琉璃塔，是明代佛塔建筑中的奇观。

塔位于明初南京著名三大寺院之一的大报恩寺，是寺院的主体建筑之一。大报恩寺始建于永乐十年（1412），宣德六年（1431）竣工，是朱棣为报他的生母碽（gōng）妃的恩德，按照皇宫殿宇规格建造的寺庙。碽妃是高丽（朝鲜）人，朱棣当皇帝后，为了给母亲超度亡魂，便修庙建塔，将庙取名为大报恩寺，塔取名为大报恩寺塔。

南京大报恩寺琉璃塔

塔在碽妃殿（即大雄宝殿）后面。据文献记载，塔高约100米，九层八面，外壁用白瓷砖砌成，每块瓷砖上都有一个佛像。每层塔檐的盖瓦和拱门均用五色琉璃砖瓦拼接而成，拱门上雕刻五色琉璃大鹏金翅鸟、狮子、大象、人面蛇身神像等，形象生动传神。底层的八面开有四个拱门，各拱门间嵌白石雕刻的四大天王像。刹的九级相轮由9个铁圈组成，重达3 600斤。相轮下的刹座，由上下两个半圆形的莲花铁盆合成，直径为4米，重达4 500斤。相轮上的刹顶，是用2 000两黄金制成的宝珠。刹顶下悬8条铁链，每条铁链挂9个风铃，加上每层飞檐下悬挂的80个风铃，全塔共有风铃152个。塔内放置116盏长明灯，由100名童男昼夜轮值点灯。塔的顶部放有夜明珠、避水珠、避火珠、避风珠、宝石珠、避尘珠各一颗，以避风、雨、雷、电和刀兵。塔底地宫藏有明雄、黄金、白银、铜钱、茶叶、经书等物。

用琉璃砌筑的大报恩寺塔金碧辉煌，绚烂多彩，是明代佛塔建筑的杰出代表。早在18世纪，这座精美的琉璃宝塔就被欧洲人推崇为中世纪的建筑奇迹之一，认为“南京瓷塔”可与罗马大剧场、比萨斜塔和亚历山大城相媲美。可惜，大报恩寺在清咸丰六年（1856）毁于战火，大报恩寺塔也化为灰烬。如今废墟上仅存大报恩寺碑。

据史书记载，建塔时烧制的琉璃瓦、白瓷砖及各种雕饰构件，均为一式三份，以便施工损坏时对号查找，立即补修。塔建成后，未用完的构件都编号埋入地下。1958年，南京市文物部门发现了大批建造大报恩寺塔时遗留的琉璃构件，上面还有墨笔标写该构件在塔上方位的编号。

（三）真觉寺金刚宝座塔

金刚宝座塔是中国佛塔的一种类型，最早的实例是明代北京真觉寺金刚宝座塔。这种佛塔是仿照印度的菩提迦耶塔而建的。菩提迦耶塔是印度菩提迦耶城释迦牟尼悟道成佛处的纪念塔，其形制是在高高的台基上立5座修长的方锥体，中央一座特别高大，四周的4座则十分矮小。5塔供奉金刚界5佛，居中为大日如来佛，周围4塔分别为阿閦佛、阿

真觉寺金刚宝座塔

弥陀佛、宝生佛和不空成就佛。5 佛各有宝座（即坐骑的动物），如大日如来佛骑狮子，阿閦佛骑象，宝生佛骑马，阿弥陀佛骑孔雀，不空成就佛骑大鹏金翅鸟。这些动物形象遍布塔座和小塔上下。5 塔密集为一体，形象单纯挺拔而又稳重庄严，4 座小塔与主塔相对比，更加反衬主塔的宏伟壮观。

据《帝京景物略》记载："成祖文皇帝时，西番板的达来送金佛五躯，金刚宝座规式，诏封大国师，赐金印，建寺居之。寺赐名真觉。"① 为放置西域僧人板的达向明成祖进贡的金刚宝座规式，成化九年（1473）始建北京真觉寺金刚宝座塔。塔的基本形体虽仿照印度菩提迦耶塔，但塔身的造型和建筑细部却采用中国的传统式样。主要表现在为强化塔的整体气势，将塔的基座修得十分高大，并相对缩小基座上的小塔，使塔的体量更显宏伟壮观，增加人对佛的崇高感。更富有创造性的

① ［明］刘侗、于奕正《帝京景物略》，北京古籍出版社，1980 年版，第 200 页。

是在基座的南部正中，增加一座中国式样的攒尖琉璃瓦罩亭，使这座充满异国情调的佛塔更符合中华民族传统的审美趣味。此外，塔座和塔身的装饰雕刻中，也掺入大量的藏传佛教题材和风格，使这一外来的佛塔形式，充满中国传统建筑的精神气韵。

真觉寺金刚宝座塔由宝座和石塔两部分组成。宝座是用砖和汉白玉砌成的高台，平面为近似正方形，南北长 18.6 米，东西宽 15.73 米，座高 7.7 米，共分 6 层，最下一层为须弥座，其上座身分为 5 层，每层有一排佛龛，龛内各刻一尊佛像，共 381 尊。佛龛之间有瓶形间柱，龛上有椽檐挑出。宝座的南北正中各辟一道券门，门内设有过室、回廊塔室，沿过室东西两侧石台阶盘旋而上，可达宝座上层台面。座顶是一处宽大的平台，南北长 18.1 米，东西宽 15.2 米。座顶分列 5 座方形密檐式石塔。中央大塔 13 层，高 8 米，四角小塔各 11 层，高 7 米。5 座石塔均由上千块预先凿刻加工好的石块拼装而成，整个造型精美别致，颇具唐代密檐塔的遗风。塔身装饰着佛教题材的精致石刻，如佛像、八宝、法轮、金刚杵、天王、罗汉及狮、象、马等动物雕刻。

真觉寺金刚宝座塔的造型敦厚而稳重，气势雄伟而庄严，具有浓厚的民族传统艺术风格，是我国金刚宝座塔中的早期代表作。

（四）飞虹塔

琉璃塔是宋代佛塔建筑的创造，反映了当时建筑追求华丽精美的审美风尚。由于宋、元时期琉璃生产数量较少，琉璃塔并不多见，现存实物仅为河南开封的祐国寺塔。至明代，五彩缤纷、光艳夺目的琉璃塔遍布全国。其中，保存最完整，艺术水平最高的琉璃塔，首推山西洪洞县飞虹塔。

飞虹塔在山西著名佛寺广胜寺内。广胜寺始建于东汉建和年间（147—149），但屡经修建，寺内建筑早已面目全非。寺庙分为上寺、下寺及龙王庙三部分。上寺建在山顶，主要建筑为明代重建的弥勒殿、大雄宝殿和毗卢殿，但最引人注目的是耸入云天的五彩琉璃塔——飞虹塔。现存飞虹塔于明正德十年（1515）在元代原址重建，至嘉靖六年

洪洞广胜寺飞虹塔

（1527）竣工，历时 12 年。塔为八角十三层楼阁式，高 47.3 米，塔身用青砖砌筑，外表镶嵌五彩琉璃砖瓦。在蓝天白云的映衬下，这座佛塔精致富丽，光彩夺目，犹如雨后彩虹，由此得名飞虹塔。

飞虹塔的外轮廓呈略带曲线的圆锥体，造型秀美挺拔。各层塔檐下都装饰着琉璃砖仿木构烧制的斗拱、柱枋、椽飞等构件，塔檐上装有平座栏杆。特别是塔身用琉璃制作的佛像、菩萨、金刚力士、佛龛、仙人走兽及植物图案，极为精致华丽，把整座佛塔装饰得精美异常，玲珑剔透。塔身外部的黄、绿、蓝三色琉璃砖，由于色调深浅不同，因而相互辉映，五彩斑斓，把飞虹塔装饰得艳丽多姿，异彩纷呈。塔的内部结构也独具匠心，塔内中空，有梯道可登，但梯道必须翻转身体才能登上，这种奇特巧妙的设计，为飞虹塔所仅有。

（五）万寿宝塔

巍然屹立在湖北省荆州市沙市区荆江大堤象鼻矶上的万寿宝塔，塔身凸出堤岸，俯视滚滚长江东去。塔始建于明嘉靖二十八年（1549），是明世宗朱厚熜为毛太后六十大寿祝寿而建，故命名万寿宝塔。如今，它已成为古城沙市区的重要标志。

万寿宝塔为八角七层楼阁式砖石塔，高 40 余米。塔底层原来有门，

荆州万寿宝塔

塔内有梯，可登塔远眺。塔底座高大，塔身各层收分较大，显得沉稳而庄重。塔身腰檐处仿木结构的额枋、斗拱、造型美观，制作细腻。塔身外壁各层都有用汉白玉雕刻的佛像，安置在佛龛内，总共94尊。塔身内壁有精雕细刻的砖雕。这些佛像和砖雕，均为各地为祝寿而进献的，在造型上具有各种不同的艺术特色。令人称奇的是，塔顶设置的铜铸鎏金塔刹上，刻有《金刚经》全文。而这种刻经塔刹，在佛塔中极为罕见。

（六）慈寿寺塔

位于北京海淀区八里庄的慈寿寺塔，是北京地区现存最精美的密檐式砖塔之一。密檐塔的主要特点是底层塔身特别高大，上面开有门窗和佛龛，并装饰有佛像等宗教雕刻。从第二层起层高骤然减低，各层塔檐却紧密相连。密密排列的塔檐逐层缩小，高耸苍穹，体现出造型端庄秀美、挺拔稳重的艺术特色。自北魏正光元年（520）建造第一座密檐式塔——登封嵩岳寺塔后，密檐式塔在唐代广为流行，至辽、金时期达到鼎盛，并将早期的空心塔身填为实体，装饰精美华丽，其余波一直延续到明代。

慈寿寺塔始建于明万历四年（1576），原名永安万寿塔，因建在慈寿寺内，故称慈寿寺塔。塔虽仿天宁寺辽塔建造，但在建筑手法和雕饰艺术上，具有明显的明代风格。

慈寿寺塔为八角十三层密檐式实心砖塔，高约50米，分为基座、塔身、塔刹三部分。基座为砖砌须弥座，座上装饰佛像、飞天、金刚力士、八宝、仰莲等佛教雕刻，特别是上部雕刻的笙、箫、琴、瑟、云板、铜锣、鼓、笛等各种各样的乐器，雕琢精巧，形象逼真，在佛塔中为罕见实例。

慈寿寺塔

底层塔身为典型的辽、金密檐塔风格，在高大的塔身东南西北正四面有精致的砖雕券门，其余四面为券窗。门旁浮雕有形象生动的云龙等纹饰图案。窗上装饰端坐的佛像，窗两旁为菩萨立像。塔身的八面转角处，有砖砌的浮雕盘龙圆柱。底层塔身南面门券上嵌石制横额，上刻“永安万寿塔”。塔身上是层层缩减的密檐，每根檐椽都悬挂铁制风铎，共有3 000多个。每层塔檐下均设24个佛龛，内供精美的铜佛。塔刹用仰莲座承以巨大的铜制鎏金宝瓶，与天宇寺塔的塔刹相似。

慈寿寺塔造型优美，挺拔秀丽，对研究中国古代佛塔建筑和雕塑有很高的价值。

（七）塔院寺舍利塔

登临佛教圣地五台山，首先映入眼帘的是耸立在塔院寺内的舍利塔。塔屹立于大雄宝殿与藏经殿之间的灵鹫峰前，外涂白垩，洁白如玉，在青山绿树、红墙殿宇的环绕中，更显得分外皎洁，雄伟挺拔，成为五台山的主要标志。

塔的形制为覆钵式藏传佛塔，高约 50 米，与北京妙应寺白塔风格相似却更加雄健。塔基为正方形，塔身状如藻瓶，自下而上，粗细相间，方圆搭配，造型优美。塔顶盖八块铜板，按八卦排列成圆形，上面设置风磨铜宝瓶。塔腰及华盖四周悬挂 252 枚风铃，山风吹来，叮当作响，使古刹别有一番情趣。

舍利塔始建于明万历十年（1582），塔院寺内有敕建五台山大塔院寺碑记：“塔在鹫峰之前，群山中央。基至黄泉，高二十一丈，围

五台山塔院寺舍利塔

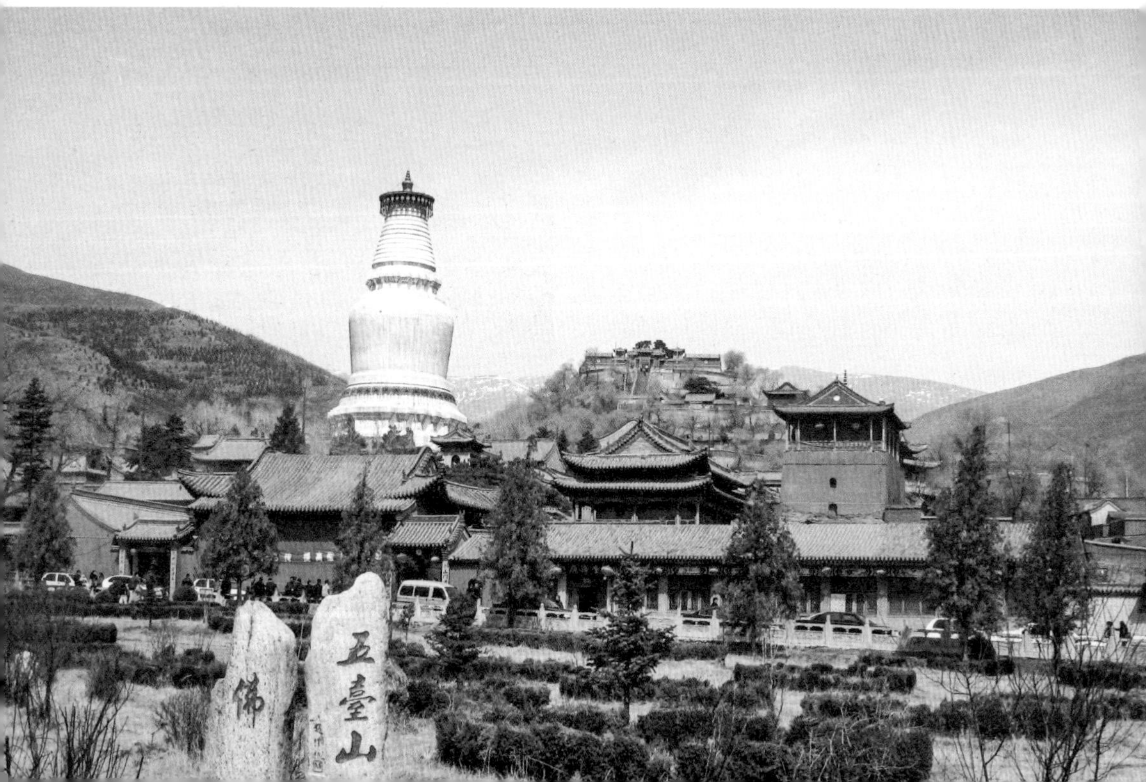

二十五丈，状如藻瓶，上十三级。宝瓶高一丈六尺，镀金为饰。覆盘围七丈一尺，吊以垂带，悬以金铃。更造金银宝玉等佛像及诸杂宝，安置藏中。海内皇宗宰官，士庶沙门，景仰慈化，造像书经，如云而集，悉纳藏中。十年壬午秋，工成，并及寺宇佛殿经楼，藏轮禅室，罔不备焉。”碑文为吏部尚书中极殿大学士张居正所撰。

（八）普贤塔

在广西桂林风景优美的象鼻山顶，有一座明代建造的藏传佛塔——普贤塔，因其所处的位置正好标出桂林城区东、西、南、北四大风景线，从而成为桂林山水的重要标志。

普贤塔是一座用青砖砌成的实心藏传佛塔，高 13.6 米，分为三层。底部为二层八角形须弥座，下层边长 3 米，上层边长 2.45 米。中部为圆鼓形塔身。顶部为圆形伞盖冠以两圈相轮。塔的正北面第二层基座上嵌有普贤菩萨像，像高 0.8 米，宽 0.6 米。普贤是我国佛教四大菩萨之一，因其多骑白象，所以人们在象鼻山顶建普贤塔，表示对普贤菩萨的崇敬。

普贤塔造型优美，风格粗犷，远远望去，既像安插在大象背上的一支剑柄，又像放置在山顶的一件圆形宝瓶，故又名为剑柄塔和宝瓶塔。

（九）多宝佛塔

位于湖北襄阳市的广德寺，早在唐代已是一座著名的佛寺。当时名云居寺，规模宏大，香火旺盛，可惜后来毁于兵火。明景泰年间（1450—1456）重建后，改名为广德寺。弘治七年（1494）修建的多宝佛塔，以其新颖独特的造型，为寺内建筑增添异彩。

多宝佛塔是一座高达 17 米的金刚宝座塔。与一般金刚宝座塔不同，它的宝座是一个高大的八角形台座，各角用砖砌出圆弧形立柱，柱头承以石雕螭首。宝座外壁朴素无华，除镶嵌石雕佛龛和佛像之外，没有其他雕刻，比北京真觉寺的金刚宝座简单得多。塔门不像其他佛塔那样设在正面，而是在东南、西南、西北、东北四个偏面开门。塔座内部也与众不同，中间设置一座八角形密檐式砖塔，造型小巧玲珑，当门四面均镶嵌石龛和石佛。宝座的平台上，分立五塔。中央大塔是一座典型的藏传佛塔，覆钵式塔身建在石雕须弥座上，塔身四面雕刻精致的佛龛和佛像，十三天造型的塔刹上装饰铜制宝盖和宝珠，宝盖下面悬有风铎。四隅小塔皆为六角形密檐式实心塔，坐落在石雕须弥座上，塔身镶嵌石雕佛龛和佛像，六角形攒尖塔上置宝珠刹。显然，在现存的金刚宝座塔中，这座塔的造型别具一格。

第二节
道教建筑

>>>

在中国宗教中，道教是唯一植根于中国本土，具有中华民族特色和文化传统的宗教。因此，道教建筑的组合原理与世俗的住宅、宫殿建筑大体相似，即采用木结构建筑体系，以“间”为单位构成单座建筑，再以单座建筑组成庭院，进而以庭院为单位，组成各种形式的建筑群体。当然，道教建筑与佛教建筑的形制基本相同，但与佛教相比，道教建筑的门类更加复杂，除正统的道教宫观外，还包括为数众多，分布广泛的祭祀民俗众神的庙宇，如关帝庙、东岳庙、城隍庙、土地庙、妈祖庙，等等。由于道教是一种多神教，凡是供奉神仙或神化的古代圣贤英雄的庙宇，也多为道士主持。明代，就连皇帝祭天的天坛也由道士管理，并专设供道士活动的神乐署。

明朝开国之初，曾对佛道做出种种限制。《明史·职官志》载：“僧凡三等：曰禅，曰讲，曰教。道凡二等，曰全真，曰正一。设官不给俸，隶礼部。二十四年（1391），清理释道二教，限僧三年一给度牒。凡各州府县寺观，但存宽大者一所，并居之。凡僧道，府不得过四十人，州三十人，县二十人。”然而，自诩真武大帝转世的明成祖朱棣即位后，在武当山大兴土木，建造了玉虚宫、紫霄宫、复真观、南岩宫等大型宫观，形成规模宏大的道教建筑群。此后，明朝历代皇帝对道教信奉不逾，除广设斋醮，任用道士外，还资助建造许多道教宫观，如北京大高玄殿、云南昆明太和宫金殿等。特别是遍布全国城乡的道教庙宇，反映了明代民间信仰祭祀之神的普遍性。

一、宫观

宫观是道教敬神祭仙的祠庙。宫，原本只指宫殿；观，原本只指城楼上可供登高眺望的堞楼。道教建筑最初称为治、庐、馆等。随着道教礼仪的制度化和规范化，道教建筑逐步完备，唐、宋以后才将建筑规模较大者称为宫或观，主祀民俗之神的建筑则称庙宇。

明代，宫观建筑已形成固定的布局。一般大型宫观的中轴线上，依次排列着观门、灵官殿、玉皇殿、三清殿等主体建筑，纯阳殿、邱祖殿等附属建筑则根据宗派的需要来安排，或分列左右，或置于中轴线上。观门大多为殿堂形式，由观门殿及幡杆、华表、棂星门、钟鼓楼等附属设施组成。宫观的核心是三清殿，供奉道教的最高神祇——玉清元始天尊、上清灵宝天尊和太清道德天尊，以主殿为中心，形成前殿、后殿、陪殿错落有致的建筑群体。纯阳殿供奉吕洞宾，邱祖殿供奉全真教祖师邱处机。除神殿外，还有膳堂、宿舍、园林等次要建筑。膳堂建筑主要由客堂、斋堂、厨房、仓房组成，一般设在中轴线侧面。宿舍的布置较为灵活，往往远离建筑群单独设院落。

（一）武当山宫观

武当山，又名太和山，在湖北均县镇境内。道书称真武祖师曾在此修炼 42 年，功成后飞升而去，被玉皇大帝册封为玄武。历代著名道家，如周代尹喜、汉代阴长生、晋代谢允、唐代吕洞宾、五代陈抟、宋代寂然子、元代张守清、明代张三丰等，都曾在此修炼。自唐均州守姚简在灵应峰建五龙祠后，至宋、元时期建筑规模不断扩大，成为道教圣地。

明成祖朱棣以北方燕王夺取帝位，将太和山改称武当山，取“非真武不足以当此山”之意。永乐十年（1412），诏令工部侍郎郭琎、隆平侯张信、驸马都尉沐昕役使 30 万民夫在武当山大兴土木，历时 7 年，建成拥有八宫、三观、三十六庵堂、七十二岩庙、三十九桥、十二亭的庞大道教建筑群。从山麓到山顶，有遇真宫、天和观、紫霄宫、太和宫、五龙宫、玉虚宫、复真观、金殿等32处规模宏大的建筑群，总计殿宇2万余间，建筑面积达160万平方米。嘉靖三十一年（1552），崇信道教的明世宗朱厚熜再次扩建维修，使武当山宫观规模愈加完善宏伟。明代诗人洪翼圣的诗“五里一庵十里宫，丹墙翠瓦望玲珑。楼台隐映金银气，林岫回环画境中”，形象地概括了武当山建筑的规模和气势。

1. 金殿

高耸在武当山海拔1 600米的天柱峰顶的金殿，如同镶在武当山建筑群的一顶灿烂皇冠，闻名遐迩，举世无双。

金殿是明代的创举，武当山金殿堪称典型代表。它建于永乐十四年（1416），坐西朝东，面阔3间，进深3间，高5.54米，面宽5.8米，进深4.2米。殿为重檐庑殿式顶，殿内有12根圆柱，立于莲花柱基上。金殿上下檐均有规整的斗拱和檐椽，上檐斗拱为四抄双下昂七铺作，下檐斗拱为三抄双下昂六铺作。柱头、枋额和天花藻井上雕

武当山金殿匾额

铸的花纹图案，均模仿木构建筑中的彩绘和雕饰，线条流畅，形象逼真。殿脊的走兽栩栩如生，比木构建筑中的琉璃制品更加精美。整个大殿除殿基用花岗岩铺垫外，各构件均以铜为原料采用榫接或焊接的方法，互相搭连成为建筑整体，毫无铸凿之痕。殿内正中为重达万斤的真武大帝鎏金铜像，体态丰腴，仪容庄穆。其左边侍立捧文簿的金童，右边侍立托宝印的玉女，两侧的水火二将擎旗、仗剑，其衣着、纹饰均为明代形制。这组铜像及殿内铜铸的香案、供桌，同整个金殿卯榫拼焊为一体，联结紧密，无隙无缝，反映出明代冶铸建筑的高超技术水平。

武当山金殿历经500多年的风雨侵袭，依然金碧辉煌，灿烂夺目，巍然屹立在天柱峰顶，实为中国古代建筑和铸造工艺中的一颗璀璨明珠。

2. 玉虚宫

位于武当山北麓的玉虚宫，有殿宇2 200余间，是八宫二观中规模最为宏大的一座。相传玉皇大帝封真武为“玉虚师相”，故名玉虚宫。始建于永乐十一年（1413），嘉靖三十一年（1552）重修，可惜清乾隆

武当山玉虚宫

十年（1745）焚毁。

玉虚宫布局严谨，轴线分明。宫城由外乐、紫禁、里乐三城组成。外乐城居于外端，有三道城门，宫前建有大型单拱石桥，名进宫桥。紫禁城居中，平面为凸形，南北长370米，东西宽170米，面积达6万平方米。紫禁城共有六道城门，宫门两翼设八字墙，镶嵌彩色琉璃。门外有两座碑亭，为嘉靖年间的遗物。宫内有两座永乐年建造的碑亭，亭内立有高达9米，重约80吨的巨型鳌碑。碑文书体隽永、圆润，碑额浮雕蟠龙活灵活现，其下龟趺座长6.2米，高1.84米，鳌首高昂，鳞爪刚健，为罕见的杰作。紫禁城红色宫墙四周高垒，玉带河流贯其间，崇台迭砌，院落重重，花坛遍布，隐约可见当年规模之宏伟壮观。紫禁城突出的部分为里乐城。城内中轴线上排列着前殿、正殿、父母殿，左右各有配殿。前殿面阔5间，进深3间。正殿建于高台之上，庭前设有四座花坛和两座八角形的鱼池。父母殿内供奉真武大帝父母的神像。中轴线两侧，建有元君殿、小观殿、道院等建筑。里乐城东门外有一口龙井，四周围以精雕细刻的井栏，依然完好无损。

3. 复真观

复真观在天柱峰东北狮头山下太子坡，为武当山著名的八宫二观之一。始建于永乐十二年（1415），虽经清代多次重修，仍保持初建时的规模。

复真观背依陡岩，面临深谷。其整体布局与地形地势密切结合，入观路线曲折回环，殿宇楼阁错落重叠，曲院层台幽深莫测，充分体现了道教追求玄妙、清虚的意境。

观内主体建筑有祖师殿、皇经堂和五层楼，四周环以丹墙组成封闭的建筑群。观门上书写“太子坡”，门外有一对八角形仿木构琉璃香炉，下承须弥座，是武当山中最为别致珍贵的文物。祖师殿为观内的主殿，坐东朝西，面阔、进深均为3间，单檐硬山顶。前檐斗拱十分古雅，华拱非常短，两侧出斜拱，上面再出斜昂。殿内隔扇门罩雕饰华美，精巧别致。祖师殿右侧高坡上有太子殿，殿前建有宽敞的观景廊，可俯视全观景色。从祖师殿北穿月门，有一处院落，是接待香客的皇经堂。皇经

太子坡复真观

堂北面陡峭的岩前有一座五层楼，楼内的木构十分奇特，屋架上 12 根梁枋下面仅有一根独柱交接支撑，体现了中国古代木构建筑中精湛的一柱十二梁营造工艺。楼旁的崇台上有藏经楼，楼内供奉太子童年塑像。沿曲折石径而上攀，登上玲珑小巧的阁楼后，可俯视深壑，纵览群山。

4. 紫霄宫

自复真观而上，经十八盘至东天门，便可见到展旗峰下若隐若现的紫霄宫建筑群。紫霄宫始建于永乐十一年（1413），现存殿宇 860 余间，是武当山宫观中保存较为完整的一座。

紫霄宫背倚展旗峰，面对照壁峰，殿宇楼阁依山而建，充分显示中国古建筑依山就势，藏露结合的艺术手法。经东天门，在峰峦起伏处，依山叠砌着龙虎殿、紫霄殿、父母殿等规模宏大的建筑群。

沿禹迹桥前行，即到龙虎殿。殿内供奉青龙白虎神像。殿后有两座碑亭，亭内有巨型鳌碑，再后为十方堂。在十方堂后的一座三层崇台上，耸立着紫霄宫的正殿紫霄殿。大殿面阔 5 间，重檐歇山顶，绿瓦丹

武当山紫霄宫建筑群

墙，装饰富丽堂皇。下檐斗拱为双抄双下昂五铺作，上檐斗拱为三抄双下昂六铺作，形制朴实。殿内斗拱、额枋、天花遍施彩画，藻井浮雕二龙戏珠，形态生动，造型优美。殿前平台宽阔，雕栏重绕，正中为高耸的石阶，甚为雄伟壮观。殿内供奉玉皇、真武及灵官诸神，或垂拱端坐，或庄严肃穆，雕塑手法细腻，形象逼真。紫霄殿后的父母殿供奉真武大帝父母的神像，大殿前檐变化多端，正中最高，次间、梢间依次跌落，给人以层次多变的灵秀之感。

（二）大高玄殿

位于北京西城区景山前街的大高玄殿，是明代皇家道教宫观。始建于嘉靖二十一年（1542），万历二十八年（1600）重修。清代因避康熙帝玄烨之讳改称大高元殿。据《续文献通考·群祀考》载："（嘉靖）二十一年四月，建大高元殿于西苑，奉祀上帝。先是，二年四月，太监崔文等于钦安殿修设醮供，请帝拜奏青词，大内建醮自此始。其后改钦安殿为元极宝殿，奉祀上帝。祈谷大享，皆于此行礼，而亲郊遂废。时帝居西苑，罕入大内，即元极宝殿亦不时至，故又即西苑建大高元殿，以奉玉皇及三清像"。

大高玄殿坐北朝南，平面呈长方形，建筑面积约1.3万平方米。中轴线的南端为3座并列的券洞式门，上覆双重绿琉璃瓦，门后是过厅式的大高玄门。进入大高玄门，即为大高玄殿。大殿坐落在汉白玉石栏杆围绕的须弥座台基上，龙凤望柱头。殿面阔7间，重檐庑殿顶，上覆黄琉璃筒瓦，是宫观内规格最高的建筑。殿前有月台，正面踏跺三出，中间铺砌石雕御路，上面装饰精美的云龙、云凤、云鹤图案。大殿两侧各有5间配殿，歇山顶，上覆绿琉璃瓦。大高玄殿北面是九天应元雷坛，面阔5间，单檐庑殿顶，绿琉璃瓦黄剪边。东西两侧各有9间配殿。最北端为一座象征“天圆地方”的二层楼阁。上层名为乾元阁，圆形攒尖屋顶，上覆蓝琉璃筒瓦，象征天；下层名为坤贞宇，头层屋顶（即腰檐）铺黄琉璃筒瓦，象征地。这组建筑在装饰上具有明显的道教特色。

大高玄殿

明世宗朱厚熜一生崇信道教，自封为道教帝君，并在宫中建斋设醮，举行斋醮祈祷。嘉靖二十一年“壬寅宫变”后，朱厚熜索性移居西内永寿宫，不复视朝，唯日夕事斋醮。[①] 大高玄殿正是为崇信道教的内官宫婢演习科仪的皇家宫观。

（三）太和宫金殿

太和宫金殿在云南昆明东北郊7千米的凤鸣山。明万历三十年（1602），云南巡抚陈用宾仿湖北武当山金殿形式，冶铜铸成殿宇，供奉北极真武大帝，并在外围修建太和宫、紫禁城。崇祯十年（1637），巡抚张凤翮将铜殿移往宾川鸡足山金顶寺。现存金殿是清康熙十年（1671）吴三桂仿原式样重新铸造的。

金殿屹立在太和宫宫城内大理石台基上。殿宽6.15米，深5.1米，高6.7米，重檐歇山顶。整个殿堂从梁、柱、屋顶、斗拱、门窗，直到殿内的供桌、神像、香炉、经幢、匾联等，全用铜件铸成，重达200

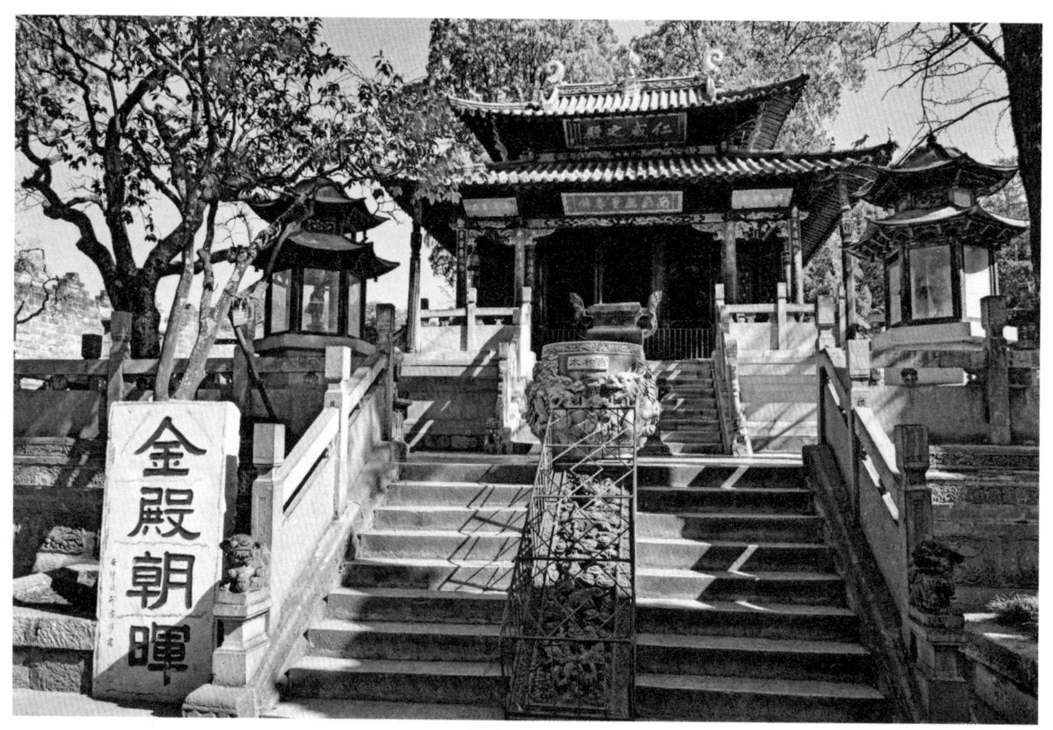

昆明太和宫金殿

① 参见《万历野获编》卷二。

吨，为中国最大的铜殿。殿内供奉鎏金神像五尊：正中为真武大帝，丰姿魁伟，神态庄严；两侧为拘谨恭顺的金童玉女和勇猛威严的水火二将。殿内藻井、墙壁、柱子均装饰精美的图案花纹。殿旁有小铜亭，殿前耸立着铜制旗杆和日月七星铜旗，雕刻细腻，造型美观。

太和宫金殿为仿木构建筑，结构严谨，铸造精密，气势雄伟，反映了中国古代铜冶炼铸造技术的高度水平。

二、庙宇

供奉民俗众神的道教庙宇，是道教建筑的有机组成部分。当然，比起规模宏大、气宇轩昂的宫观，庙宇要略逊一筹。然而，由于庙宇奉祀的是民间信仰之神，具有广泛的群众基础，使得这种带有纪念性的祭祀建筑遍布全国城镇乡村，如为数众多的土地庙、城隍庙、山神庙、关帝庙等。明代民间信仰祭祀之神数不胜数，甚至连皇宫也引入民间神，对各种神祇的祭祀十分降重。因此，明代道教立庙祭祀之神，远远超过前朝，诸如真武大帝、关公、城隍、五通神、三官神、吕祖、晏公、药王、火神、灶神……或单独建庙祭祀，或于宫观中建庙祭祀。

（一）北镇庙

位于辽宁北镇县城西的北镇庙，是祭祀北镇医巫闾山的山神庙。医巫闾山与山东沂山、山西霍山、陕西吴山、浙江会稽山被历代帝王封为五大镇山。北镇庙始建于金代，称广宁神祠，元、明以来不断重建和扩建。现存的庙宇殿阁，基本上是明永乐十九年（1421）重建和弘治八年（1495）扩建的。明代，凡遇国家大事，如皇帝登基、得子，或天时不顺、地道欠宁等，均派官员来庙告祭，举行祀典。

北镇庙规模宏大，建筑面积达 5 000 平方米。庙宇依山势而建，中轴线上的主要建筑御香殿、正殿、更衣殿、内香殿、寝殿等五重大殿，都建在工字形高台上，四周围以精致的石雕栏杆，布局严整，气势巍然。

五重大殿前有石牌坊、山门、神马殿、钟鼓楼等附属建筑。石牌坊四角立有喜、怒、哀、乐四只石狮，神态各异，形象生动，在全国寺庙中实不多见。石牌坊北面是一座三间的三券山门，歇山顶，上覆绿琉璃

北镇庙御香殿前石碑

北镇庙内保存有元、明、清三代的石碑56通，其中有元代的祭山、封山碑12通，明代的修庙碑16通，清代的祭山修庙、游山诗等碑28通，这些石碑在考古学研究和书法艺术上都有着很高的价值。

瓦，门额有相传严嵩所书的“北镇庙”三字。山门对面为神马殿，面阔5间，进深3间，檐下未施斗拱。

御香殿始建于永乐十九年，是贮藏朝廷降香诏书的殿宇。殿面阔5间，进深3间，歇山式灰瓦顶，斗拱为一跳三攒，绘有彩画。殿前东侧有一座石造楼阁式焚香亭。

御香殿北面的正殿，是祭祀北镇山神的活动场所，也是北镇庙的主体建筑。殿面阔5间，进深3间，歇山顶，斗拱为二跳三攒。殿内正中摆设长方形须弥座台和佛龛，龛内供奉北镇庙山神像，东、西、北三面壁上绘有32位历代文武功臣画像。整座大殿雕梁画栋，装饰精美，色彩艳丽，具有典型的明代建筑艺术特色。

位于五重大殿最北端的寝殿，是山神的寝室，殿内有泥塑山神像。殿面阔 5 间，进深 3 间，歇山顶，上覆绿琉璃瓦，大木梁架结构。

在全国五大镇山中，北镇庙是保存较好的一座大型山神庙。

（二）郑州城隍庙

明初，明太祖诏封城隍神之爵，并定庙制，命令各地仿照各级官府衙门的规模建造城隍庙。一时间，城隍庙闯州过府，遍及全国，“高广与官署厅堂同，俨然神界的地方官吏。”“城隍之祀于明代可算与政治生活最密切的道教信仰。”① 在明代几乎无城不有的城隍庙中，郑州城隍庙可谓典型的实例。

郑州城隍庙在河南郑州市东大街路北。明洪武二年（1369）敕封郑州城隍为灵佑侯，始建庙奉祀。弘治十四年（1501）重修。

城隍庙坐北朝南，中轴线上依次排列着大门、过门、乐楼、二殿、大殿、后清宫等建筑，规模宏伟，布局严谨。

乐楼是一座二层楼阁，高 15 米，重檐歇山顶，上覆琉璃瓦。主楼居中，两侧檐下配有边楼，前后有抱厦。主楼四出的飞檐，与边楼错角重叠，加上前后的抱厦相衬，使主楼造型更加雄伟壮观。

大殿是城隍庙的主体建筑。殿面阔 5 间，进深 3 间，殿前卷棚 3 间，大式硬山顶。正脊两端雕有吻兽，神态生动，造型优美；两侧刻有滚龙，并装饰凤凰、牡丹等图案。

（三）上帝庙

玉皇上帝，是中国民间信仰中至高无上的天神，号称“昊天金阙至尊玉皇上帝”，总管三界十方，为神鬼世界的皇帝。位于辽宁盖州市的上帝庙，是明代修建的一座奉祀玉皇上帝的庙宇。据《盛京通志》记载，上帝庙“正殿五楹，配殿十楹，大门三楹”。现大殿尚保存完好，其余殿宇均毁。

从大殿明间脊檩下题记木牌所书“大明洪武十五年四月二十九日立，阖郡官庶人等建造”的文字，可见大殿始建于洪武十五年（1382）。

---

① 任继愈《中国道教史》，上海人民出版社，1990 年版，第 602 页。

大殿面阔 5 间，进深 4 间，庑殿式顶。在建筑设计手法上，大殿颇具特色：正中一间（明间）格外宽大，为 5.6 米，超出左右次间（宽 2.7 米）一倍；斗拱较大，构造奇特，设置疏朗；屋顶出檐深远，庑殿顶推山较大；屋脊遍施雕刻，戗脊上排列着狮子、獬豸、犬、马、牛、羊等走兽，雕琢精致，造型美观；殿内梁枋彩画线条流畅，图案丰富，色彩清晰，具有明代绘画的特点。

第三节
伊斯兰教建筑

>>>

自唐代伊斯兰教传入中国后，伊斯兰教建筑首先在东南沿海的商业城市及长安、洛阳等地出现，如被誉为古代四大清真寺的广州怀圣寺、泉州清净寺、杭州真教寺和扬州清真寺。但这些建筑基本上是阿拉伯建筑的移植，其平面布局、建筑造型和内部装饰，都保留着阿拉伯建筑的形式和风格，与中国传统建筑迥然相异。元代时大批中亚、西亚各族人民迁徙到东方落户，随着回族的形成和信仰伊斯兰教的人民日益增多，伊斯兰教建筑如雨后春笋般地出现在神州大地，并逐步与中国传统建筑形式相融合。明代是中国伊斯兰教建筑发展的高潮时期。由于朝廷对伊斯兰教采取怀柔政策，如开国功臣常遇春、胡大海，著名的航海家郑和等人，都是穆斯林。在此期间，伊斯兰教建筑得到空前发展，并迅速民族化。明代，开始出现中国式的清真寺，并形成内地回族建筑和新疆维吾尔族建筑两种风格迥异的伊斯兰教建筑体系。

一、中国式清真寺

清真寺，又称礼拜寺，是伊斯兰教徒进行宗教活动的专门场所，也是伊斯兰教建筑的主要类型。中国伊斯兰教清真寺是由众多功能不同的单体建筑组成的建筑群体，主要包括礼拜殿、宣礼楼、望月楼、大门、墓祠、讲经堂、水房、阿訇办公室等。其建筑布局，早期沿袭阿拉伯建筑形制，至明代开始采用中国传统建筑的四合院布局。一般是前置大门及左右厢房，中为二门；内院正中为礼拜殿，两旁布置讲经堂和阿訇办公室；宣礼楼建在中轴线上，或单独建造，或安排在大门或二门上。

礼拜殿，又称大殿，是伊斯兰教徒做礼拜及从事各种宗教活动的中心场所，是清真寺内最雄伟壮观的建筑。礼拜殿通常由卷棚、礼拜殿和后窑殿三部分组成。卷棚是教徒进礼拜殿前的脱鞋处，一般在大殿前单独建造，也有利用大殿走廊的。礼拜殿是教徒集体朝拜的场所。按伊斯兰教规定，教徒礼拜时必须面向圣地麦加城，在中国就是朝向西方。因此，中国的礼拜殿皆坐西朝东，并在后窑殿的西墙上设拱形圣龛以指示朝拜方向。圣龛周围大多装饰阿拉伯艺术字体和几何线条图案，也有因

陕西西安化觉巷清真大寺礼拜殿

教派之别，墙壁无绘画景物而显得素洁淡雅的。伊斯兰教是崇信真主安拉的一神教，无偶像崇拜，所以大殿内不像佛、道建筑那样摆满神像及幡帐等装饰品。殿内设置较简单，只是由梁、柱、窗、壁组成的建筑艺术形式，从而拓展了礼拜殿的建筑空间。由于大殿只是供教徒做礼拜和宗教活动的场所，可根据教区的实际人数而建造，布局的宽窄深浅，十分灵活自由。回族礼拜殿是用几个勾连搭屋顶连在一起的纵长形大厅，维吾尔族礼拜殿则是横长平顶房屋形式的内外殿，平面布局更加灵活多样。

宣礼楼，又称邦克楼，一般为二三层，有的可达五层楼阁或塔式建筑，是清真寺内颇具特色的建筑物。按伊斯兰教规定，教徒每日在晨、晌、晡、昏、宵礼拜，并于每周五午后举行集体礼拜。最初，邦克楼只是阿訇呼唤教民做礼拜的建筑，所以建成高塔形或多层楼阁。后来，由于计时方法的更新，邦克楼的呼唤作用日益消失，逐步演变为一种装饰性的建筑。随着伊斯兰教建筑与中国传统建筑的融合，明代流行的邦克楼形式主要有两种。回族清真寺的邦克楼多为楼阁式建筑，或在庭院中轴线单独建成多层木构亭状建筑，或与二门相结合，成为一种二三层高的门楼式建筑。维吾尔族礼拜寺的邦克楼或建在大门两旁，成为大门形体构图的一部分，或与院墙相结合，建在寺的一角或四隅，且均为细高的塔状形体。不论是楼阁式，还是高塔形，中国伊斯兰教的邦克楼都以挺拔秀丽、优美奇特的造型，在清真寺建筑群中独放异彩。

望月楼是决定斋月开斋日期之处，为伊斯兰教独特的建筑。伊斯兰教规定，每年的九月（伊斯兰教历）为斋月，每天从日出前开始到日落要封斋，直到 10 月 1 日开斋节为止。由于封斋和开斋均以望见新月为标准，因此，清真寺内大多建造望月楼，用以登楼观月。中国清真寺的望月楼往往与邦克楼合二为一，兼而用之。

清真寺的大门、二门是伊斯兰教建筑的重要标志之一。唐、宋时期，清真寺的大门多仿照阿拉伯式，平面呈狭长形，用青白花岗石砌筑，分为内外两部分，外部为半圆形拱顶，内部为半圆形穹隆顶，如泉州圣友寺为典型实例。明代，维吾尔族礼拜寺的大门大多采用这种艺术造型，而回族清真寺的大门、二门已演变为木结构建筑形式，并常与邦克楼合为一体，在大门或二门上建造多层楼阁，门前利用檐柱作木牌坊。这种气势雄伟的楼阁式大门，是具有中国特色的伊斯兰教建筑。

墓祠，在新疆地区又称麻扎，是伊斯兰教的陵寝建筑。这种建筑在西北和新疆地区较多，而内地清真寺则很少建造。甘肃、青海、宁夏的回族墓祠一般采用起脊式木构建筑，并沿用传统的前堂后寝制，前堂多用卷棚顶，后寝则用攒尖顶。新疆地区的麻扎平面呈正方形，初期多用土坯砌筑，明代时用砖或在砖外加覆琉璃面，正中的圆拱顶常用绿琉璃瓦，在麻扎四隅各筑有邦克楼，构成具有民族特色的规模宏大的建筑群。

明代形成的内地回族清真寺和新疆地区维吾尔族礼拜寺，各具不同的建筑特色和艺术风貌。

英国建筑史家帕瑞克·纽金斯认为：“伊斯兰建筑艺术的发展，如同它的仪式一样，是从其信仰者日常生活中直接形成的。它是一种绿洲建筑艺术。”① 遍布中国的回族清真寺，在保持伊斯兰教建筑艺术特色的同时，继承中国汉族建筑院落式布局与轴线设计的传统，采取木结构体系，从而形成具有中国建筑特色的伊斯兰教寺院。其主要特征是，围绕寺院的主体建筑礼拜殿进行总体布局，以礼拜殿所在的庭院为中心，沿主轴方向延伸，分别布置大门、二门、邦克楼等次要建筑，并在两侧设置办公室、水房、讲经堂等附属建筑。每一座回族清真寺，都由各具功能的单幢建筑物组成不同形式的院落，并以院落为单元，构成庞大的宗教建筑群。这在明代著名的回族清真寺，诸如陕西西安化觉巷清真寺、宁夏同心清真大寺、北京东四清真寺，都得到充分体现。

新疆地区礼拜寺更多地保留阿拉伯及中亚地区伊斯兰教建筑的形式，结合当地气候、建筑材料、建筑技术和建筑艺术传统，形成具有地方特色的维吾尔族清真寺建筑体系。其主要特征是，平面布局既非院落

---

① 帕瑞克·纽金斯《世界建筑艺术史》，安徽科学技术出版社，1990年版，第179页。

重重，也不强调轴线对称，而是开门见山，一进寺门即为礼拜殿，其他建筑环绕在大殿四周，显得简洁明朗，环境幽静，充满生活气息；殿堂多以砖或土坯砌成平顶或圆拱顶，从而节约木材，增强抗风能力；寺院皆有较大庭院，遍布树木，并在院内置水池形成碧波绿荫，创造和谐的自然气氛。新疆喀什艾提尕清真寺为典型实例。

二、清真寺范例

（一）化觉巷清真寺

西北是伊斯兰教在中国传布较早的地区。明代的西安，是西北地区重要的政治、经济、文化中心，也是回族重要的聚居地。因此，西安便成为清真寺较为集中的城市。其中，位于市中心鼓楼西北隅的化觉巷清真寺，是中国现存规模最大，保存最完整的一座回族清真寺。

据《西安府志》记载，清真寺始建于唐天宝元年（742），现存主要建筑是明洪武二十五年（1392）由兵部尚书铁铉重建。嘉靖元年

化觉巷清真寺

（1522）、万历三十四年（1606）先后修葺扩建。

清真寺坐西朝东，为我国传统的四合院布局，沿中轴线布置五进院落，占地面积 1.2 万平方米，建筑面积 4 000 平方米。进入寺门，第一进院落正中的木牌楼格外引人注目，正面为宋代书法家米芾的笔迹“道法参天地”，背面是明代书法家董其昌题写的“敕赐礼拜寺”。牌楼飞檐挑角，上覆天蓝色琉璃瓦，造型精巧，颇为壮观。院内廊房有小型厅堂供教徒平日祈祷。第二进院落中部有三开间石牌坊，砖雕碑龛上记载明代修建寺院的历史。第三进院落中央耸立一座两层楼阁式建筑，称为省心楼，即一般清真寺的邦克楼。省心楼平面呈八角形，三重檐琉璃攒尖顶，楼上楼下均围以檐廊，楼顶层梁架用各式木件叠构而成。整个楼阁造型秀丽，美观典雅，在寺内建筑中别具特色。楼南为水房，是礼拜前大净（淋浴）、小净（洗手）之处；楼东为敕修殿，陈列多座阿拉伯文和波斯文碑石。第四进院落是全寺的主院，通过牌坊、石桥、月台，到礼拜殿。礼拜殿高踞在宽阔的月台上，平面呈凸字形，面阔 7 间，进深 9 间，殿内面积达 1 270 平方米，可容 1 000 多人礼拜。大殿为单檐歇山顶，上覆绿琉璃瓦，屋顶设计采用的是中国传统建筑的勾搭连手法，为回族清真寺普遍应用。整座大殿雕梁画栋，碧瓦丹楹，顶棚设置天花，地面铺满木板。天棚藻井由 600 余幅彩画组成，每幅彩画均为阿拉伯文图案，构图用色各具千秋。后窑殿遍布壁板雕画，壁龛内饰以阿拉伯式几何图案，周围装饰板雕蔓草花纹，色彩绚丽，金碧辉煌，表现出浓厚的伊斯兰教建筑装饰风格。第五进院落为后院，南北各筑一座望月台。

化觉巷清真寺是通过院落组合，以建筑群体取胜的典型例证。全寺沿中轴线布置的五进院落各具特色，给人不同的艺术感受，并通过层层推进的手法，烘托主院的宏大和大殿的壮丽，从而获得统一和谐而又多样变化的审美效果。由此可见，这座清真寺从寺院整体布局到院落点缀的建筑小品，从单体建筑技术处理到殿内装饰手法，都体现了中国传统建筑与伊斯兰建筑的有机融合，是一座典型的中国特有的伊斯兰教寺院。

（二）同心清真大寺

同心清真大寺位于宁夏同心县旧城内，当地俗称大寺，是宁夏现存规模最大的清真寺之一，在宁夏南部的穆斯林中有较大影响。始建于明初，寺门附近有明万历年间（1573—1620）的石雕横额。

整座寺院占地面积 3 540 平方米，分为上下两部分。上部建筑群由礼拜殿、经堂、门楼和邦克楼组成。礼拜殿和邦克楼均为中国传统的木结构建筑，坐落在高达 10 米的砖砌台基上。礼拜殿坐西朝东，单檐歇山顶，面阔 5 间，进深 9 间，用 20 多根巨大的圆木柱支撑梁架，气势雄伟壮观。殿内用木板铺地，宽敞明朗，可同时容纳七八百人做礼拜。邦克楼位于礼拜殿南侧，高达 22 米，是一座二重檐，四面坡式的亭式建筑，造型轻巧秀丽。下部建筑由寺门、外院、照壁、水房组成。寺门朝北，门前立一座仿木结构的砖砌照壁，照壁中心有一巨幅“月藏松柏”的精美砖雕，一轮明月掩映在青松翠柏之间，若隐若现，清新自然。此外，寺门、礼拜殿卷棚两侧内墙、邦克楼等处，都刻有阿拉伯文字组成的图案纹饰，色彩鲜明，装饰效果强烈。

这座寺院成功地将中国传统木结构和伊斯兰木刻砖雕装饰艺术融为一体，体现出中国传统建筑与伊斯兰教建筑艺术的完美统一。

同心清真大寺

（三）艾提尕尔清真寺

新疆维吾尔自治区是我国穆斯林聚居的地区，到处建有充满着浓郁阿拉伯风格的清真寺。位于喀什市中心艾提尕尔广场的艾提尕尔清真寺，是新疆最大的伊斯兰教礼拜寺，也是新疆伊斯兰教活动中心。艾提尕尔，为阿拉伯语与波斯语复合词，意为“节日礼拜场所”。

这里原是一片荒凉的墓地，埋葬着前来新疆经商、传教的阿拉伯人。后来，喀什噶尔的统治者沙尼色孜·米尔扎亦葬于此地。明正统七年（1442），米尔扎的后裔在此修建一座小清真寺。嘉靖十六年（1537），喀什的统治者乌不里哈德尔·米尔扎阿尔伯克将其改建为可作聚礼的主麻清真寺。后几经扩建，形成可容纳六七千人做礼拜的大型清真寺。

新疆地区的礼拜寺，受中国传统的木结构建筑影响较小，基本沿用阿拉伯式清真寺形制，平面布局大多为不对称的四合院形式。艾提尕

新疆喀什艾提尕尔清真寺

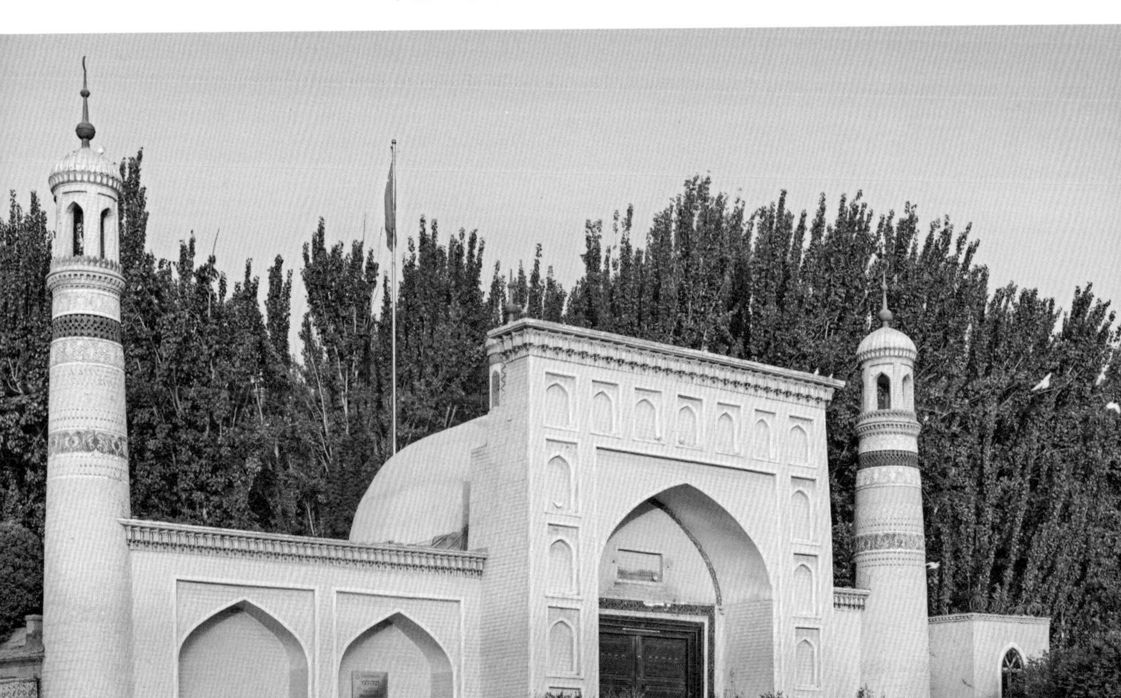

尔清真寺为典型的维吾尔族伊斯兰教寺院，分为礼拜殿和教经堂两大部分，南北长140米，东西宽120米，面积约1.6万平方米。礼拜殿在寺院东面，全长160米，进深16米，分内外两殿，面积2 600平方米。殿内成网格状排列着160根绿色雕花木柱，柱式挺拔而纤秀，顶棚上绘有各种花卉图案，色调浓郁而富丽。教经堂在寺院西面，有可供400名学生居住和学习的房间以及供百人淋浴的净室。

维吾尔族建筑中成就最高的是装饰艺术。① 艾提尕尔清真寺的入口门楼具有浓厚的维吾尔族建筑风格。门楼为砖石砌筑，高12米，上方有用阿拉伯文雕刻的《古兰经》经文，四周满布具有维吾尔族风格的精美纹饰，典雅秀丽，别具特色。在高大的尖拱形门楼两侧，巍然屹立着两座18米高的圆柱形砖砌宣礼塔。塔的顶端各有一个邦克楼，楼顶装饰有象征伊斯兰教的新月。塔与寺门以短墙相连，构成一个建筑整体，特别是米黄色墙体上勾着雪白的砖缝和花纹，使外观显得肃穆庄严。尽管入口门楼与宣礼塔呈不对称性，然而，单幢建筑之间体量均衡，尺寸恰当，色调和谐，使这组建筑显得宏伟壮观，成为喀什市的重要标志。

（四）东四清真寺

东四清真寺，又称法明寺，在北京东城区东四南大街。明正统十二年（1447），由后军都督府都督同知陈友捐资创建。景泰元年（1450），明代宗朱祁钰敕题为“清真寺”，故有官寺之称。

寺院占地约6 000平方米，分为前中后三进院落，主要建筑有礼拜殿，南北讲堂、水房、图书馆等。主体建筑礼拜殿高达15米，建筑面积500平方米。前部为木结构，有抱厦三间，正殿5间，造型古朴；后部3间窑殿为无梁式砖结构，殿堂之间有厚厚的隔墙。礼拜殿内雕梁画栋，金碧辉煌，20根大柱上均饰以精致优美的金荷花图案。窑殿三座拱门雕刻阿拉伯文《古兰经》经文，字体刚健，刻工精美。礼拜殿南侧的碑石上，刻有明太祖赞颂穆罕默德的百字赞词，称为百字赞碑。宣礼楼于成化二十二年（1486）增建，清光绪末年毁于地震，现仅存楼上铜

① 刘敦桢《中国古代建筑史》，中国建筑工业出版社，1984年版，第399页。

东四清真寺

顶。图书馆藏有伊斯兰教经典和文物，尤以保存完好的元代《古兰经》手抄本最为珍贵。

东四清真寺具有鲜明的明代建筑特色，典雅华丽，造型美观；也是将中国传统建筑与阿拉伯建筑艺术融为一体的范例。

第四节 宗教雕塑

>>>

宗教雕塑发展到明代，已从唐、宋时期灿烂辉煌的鼎盛阶段日益走向衰落。在朝廷官府直接控制下所产生的宗教雕塑作品，虽然规模浩大，用料昂贵，雕琢精细，但大多缺乏艺术创造性，而趋向于程式化和定型化。明代佛教雕塑集中在寺庙，石窟雕像已接近尾声，艺术价值远逊于前代。与传统佛教雕塑走向衰落的同时，藏传佛教雕塑却异军突起，在佛教寺庙和造像中占据重要地位。明代道教雕塑为数不少，但留存下来的不多，其中以武当山宫观雕塑为杰出代表。

一、佛教雕塑

（一）*石窟雕塑*

石窟雕塑是伴随着佛教的传播在我国产生的宗教雕塑类别。在全国各地遗存的许多大大小小的石窟中，留下数以万计的佛教造像，其中最有代表性的是云冈石窟、龙门石窟、麦积山石窟和敦煌石窟。然而，石窟雕塑至唐代已趋于成熟。宋代以后，宗教艺术日益世俗化，昔日神圣的偶像崇拜逐渐变得写实，被富有人情味的世俗形象所取代。因此，明代基本上没有新开凿的石窟。各大石窟中，除敦煌莫高窟、麦积山石窟、永靖炳灵寺石窟、济南千佛山、太原天龙山等处有极少数的明代石窟雕像，其他石窟寺院，如云冈石窟、龙门石窟、巩义市石窟寺、云门山石窟等，几乎完全荒废。

值得一提的是山西平顺县宝岩寺石窟雕像。宝岩寺始建于北周，寺后山崖有 20 多个窟龛，其中绝大部分为明代雕造。这些立体圆雕的佛像、菩萨、天王，形象自然，比例匀称，尚存有宋代造像的遗风。特别是第五窟雕刻的“水陆道场”，是以 69 方浮雕的形式来表现人物情节的大型雕塑。每方的故事情节，均无雷同之处，而且人物形象多种多样，布局构图变化多端。然而，雕刻手法比较简单，未精雕细刻，显然是以粗糙的方式来完成的记事性雕刻。

随着城市经济的发展，城市的佛教建筑日益增多，人们对佛像的供奉，也就由原先集中在若干石窟转为分散在遍布城乡的寺庙。所以，明代只是热衷于对原有的石窟雕塑进行装修，新开凿的石窟甚少。在这个意义上，宝岩寺石窟雕像的艺术水平尽管远逊于北魏、唐、宋，但作为明代规模较大的一处石窟雕像艺术，其艺术地位不可低估。

（二）寺庙雕塑

寺庙雕塑是宗教雕塑艺术的一个重要类别。在中国古代遗存的寺庙雕塑作品中，明代占有相当的数量。保存明代佛教造像的内地寺院为数众多，诸如北京大觉寺前殿三十诸天像，北京大慧寺大悲阁二十八诸天像，北京广济寺三世佛和十八罗汉像，北京护国寺天王像，北京碧云寺天王像和佛、菩萨像，北京法海寺水月观音像，紫禁城慈宁宫佛堂十八罗汉像，北京房山香光寺十八罗汉像，北京智化寺如来佛像，山西太原崇善寺千手千眼观音等三尊菩萨像，山西太原太山寺观音阁和文殊普贤殿彩塑像，山西大同善化寺大殿内两侧天人像，山西平遥双林寺塑像，山西清徐香岩寺木雕十六罗汉像，陕西咸阳凤凰台佛教故事壁塑，陕西蓝田水陆庵壁塑，陕西岐山太平寺佛、菩萨塑像，甘肃天水瑞应寺佛、菩萨塑像，四川平武报恩寺大悲殿的木雕千手观音。这些佛教雕塑，大多为泥塑像，其次是木雕，在造型上除继承唐、宋以来的汉式造像风格外，还表现出强烈的时代特征，即雕塑形象更趋向于写实，制作中谨守造像量度的刻板规定，注重精雕细刻，但多数作品缺少内在的生命活力，流于公式化。

明代佛教雕塑中，最为出色的是山西平遥双林寺彩塑。双林寺位于平遥县城西南 6 千米的桥头村与冀壁村间，始建于北齐武平二年（571），现存寺庙建筑和塑像大多为明代遗物。全寺有天王殿、释迦殿、菩萨殿、千佛殿、罗汉殿等 10 座殿堂，殿内共有彩塑 2 052 尊，保存完好的有 1 500 余尊。这些天王、金刚、佛、胁侍弟子、菩萨、观音、罗汉、供养人等彩塑，造型生动，神态各异，大者高达数米，小者仅有几十厘米，是中国古代雕塑中弥足珍贵的艺术精品。

跨进寺门，展现在人们面前的是天王殿廊檐下的四大金刚像。塑像高达 3 米，横眉怒目，攥拳握杵，显示了勇猛威武的气魄。天王殿内的四大天王像，身着战袍，手执法器，身躯硕壮雄伟，神情威武凛然，完全摆脱一般天王像神态怪异、面目凶恶的概念化倾向。

千佛殿的韦驮像，更是双林寺的优秀雕塑。这座观音菩萨的护法神，身高 1.6 米，身穿盔甲，右手握拳，挺胸侧立，目光炯炯有神，一副威武雄壮的样子。显然，韦驮塑像没有照搬人们司空见惯的张牙舞爪、孔武有力的形象，而是着意描绘其武而不鲁、机智勇猛的性格。殿内的千手千眼观音，塑造得也十分成功。观音眉清目秀，庄严肃穆，结跏趺坐在莲花座上，千手作扇面式张开，各执法器，姿态优美自然，实为不可多得的艺术珍品。

构成这座艺术殿堂主体的，是众多的神佛、罗汉和仙女塑像。释迦殿的渡海观音像，表现观音在十大高僧护卫下渡过无边苦海的情景。观音为圆雕，神态安详，妩媚动人，背后以浅浮雕的海水为衬托。翻滚的

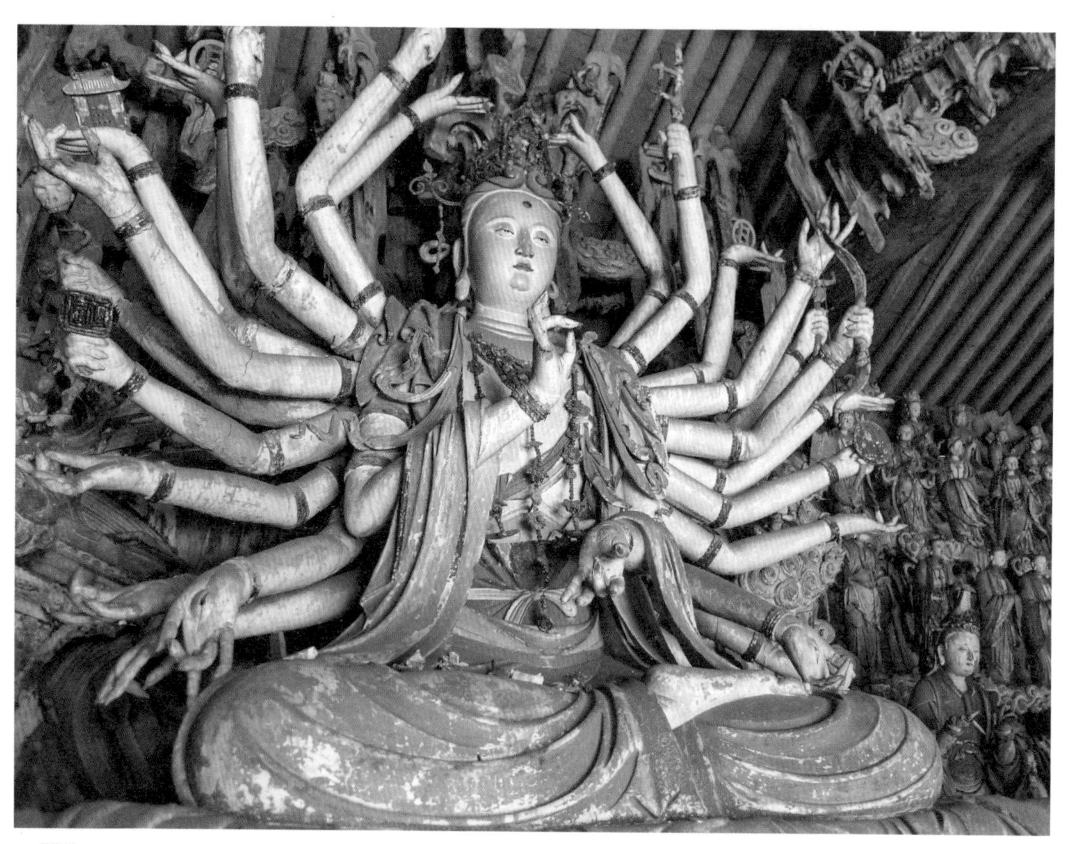

双林寺千手千眼观音

双林寺是汉族地区佛教全国重点寺院之一。菩萨殿在中院西侧，正与千佛殿相对，主像为千手千眼观音，结跏居中而坐，仪容丰满端庄，神态温柔隽逸，手势千变万化，塑造得十分纤巧。

海浪与观音飘动的衣带交织在一起，使美貌而悠闲的观音在静态造型中蕴含着强烈的动感。罗汉殿的十八罗汉塑像，代表双林寺彩塑艺术的最高水平。这些塑像造型生动，雕刻精细，特别是人物性格鲜明，各具风姿，或苦思冥想，或侧耳倾听，或侃侃而谈，或激烈争辩，准确形象地表现出人物不同的年龄、身世、性格和心理活动，使人百看不厌。例如手拄拐杖，身体瘦弱的病罗汉，虽然面带病容，却毫无愁苦之色，正与陪伴的童僧亲切交谈；结跏趺坐，目光犀利的哑罗汉，紧闭嘴唇，似乎在用那双奇特而又传神的眼睛表达着心中的千言万语；伏虎罗汉威猛有神的双目犹如黑夜中的月亮，熠熠生辉，有力表现了这位外柔内刚的英雄形象。

明代的藏传佛教寺院，供奉有大量金银铜造像、木雕佛像和泥塑佛像，其中不乏精巧优美的杰作。西藏拉萨色拉寺的文殊菩萨铜像，头戴宝冠，佩带华丽的项链、耳饰，是一个眉清目秀、妩媚动人的女菩萨。日喀则扎什伦布寺是造像的集中处。弥勒殿供奉的弥勒像，高达 11 米，庄严肃穆；佛座四周的浮雕力士像，形象生动。释迦牟尼殿内，在高大的释迦牟尼雕像两旁，分立八大弟子。度母殿内，中间的白度母铜像，高约 2.5 米，两侧为白度母和绿度母泥塑。白居寺菩提塔有泥、铜、金质塑像 3 000 余尊，尤以泥塑最为精美。如庄严慈祥的佛像、威猛粗犷的金刚、清秀恬淡的菩萨，性格鲜明，栩栩如生。青海塔尔寺的雕塑形象丰富多彩，包括佛祖释迦牟尼和弟子迦叶、阿难以及文殊、金刚手、观音、地藏、除盖障、虚空藏、弥勒、普贤等八大菩萨。鎏金佛像有宗喀巴像、无量寿佛像、三世如来像、顶髻尊胜佛母像、密修马头金刚、二大天王、八大药叉、七方护法神、妙音天女等，性格鲜明，神态各异。如宗喀巴像方面大耳，双目有神，神情严肃慈祥；护法神牛头马面，狰狞恐怖；妙音天女眉目清秀，温柔亲切。

二、道教雕塑

明代，道教宫观塑像已形成固定的格式，其大体布局是灵官殿多塑道教护法神灵官大帝，红脸膛，三只眼，披甲戴盔，手执钢鞭火轮，威武而凶恶；玉皇殿内塑玉皇大帝，头戴通天冠，双手捧笏，神态威严，俨然一副帝王装扮；三清殿正中并列道教的三位天尊——玉清元始天尊、上清灵宝天尊、太清道德天尊，两旁陪塑的有四御，即昊天金阙至尊玉皇大帝、中天紫微北极太皇大帝、勾陈上宫天皇大帝、承天效法土皇地祇，“四御”之后常塑“十二金仙”，即太乙、广成、巨留、玉鼎、燃灯、准提、接引、臣留、文殊、慈航、黄龙、赤托。其他各殿则视具体情况，塑造不同的神像，如纯阳殿塑吕洞宾，邱祖殿塑邱处机，三官殿塑天官、地官、水官，天师殿塑张道陵，药王殿塑孙思邈，等等。

明代道教雕塑遍布各地的宫观、庙宇，但保存下来的为数不多。湖北武当山宫观铜铸雕像，北京法海寺木雕仙官像，山西太原晋祠水母楼侍女像，山西汾阳太符观泥塑玉女像，陕西三原城隍庙侍女像，台湾台南天后宫妈祖像以及北京白云观明塑道教全真派始祖邱处机像和其他泥塑神像，都体现了明代道教雕塑艺术的发展水平和时代特色。

武当山金殿供奉的真武大帝铜像，披发跣足，正襟危坐，双手置于膝上，神情严肃庄重；左右侍立着拘谨恭顺的金童玉女和威风凛凛的水火二将。这组铸像，造型生动，技艺高超，堪称明代道教雕塑的杰出代表。玉虚岩殿内有一尊真武坐像，左手翻掌，右手抵膝，神态自如，器宇轩昂，亦为武当山造像中的上乘之作。五百灵官雕像中，现尚存几十尊，姿态各异，栩栩如生，充分显示道教神像的写实风格和艺术特色。遇真宫内的张三丰倚坐铜像，实为不可多得的艺术珍品。张三丰是明初著名的道士，明成祖曾派人四处寻访，因未见其踪迹，便于永乐十五年（1417）修建遇真宫以祀。张三丰铜像头戴道冠，身穿长袍，左手掩于袖内，右手露于膝上，神态威俊，仪容肃穆。这件铜像为内官监铸造，代表明代高度发达的铸铜工艺水平。

妈祖（天妃）是中国民间信仰的航海女神。明代航海事业发达，妈祖庙遍及南北沿海地区。在台湾神庙中，以妈祖庙香火最盛，而众多的妈祖像中，尤以台南妈祖庙造像的历史最悠久。塑像的座背上刻有“崇祯庚辰年湄州雕造”9个字。崇祯庚辰年即崇祯十三年（1640），当时湄州属福建莆田，相传妈祖生于宋代，是福建莆田市都巡检林愿的女儿，专门在海上救难行善，保佑人们的航海安全。

第六章

园林建筑

6

园林建筑是园林中具有造景作用的各类建筑物的总称，是园林的审美要素之一。中国古典园林发展到明代，开始进入鼎盛时期。明初，明太祖朱元璋为缓解战争创伤，明令戒奢靡之风，并对百官宅第作出规定，“不许雕刻古帝后圣贤人物及日月、龙凤、狻猊、麒麟、犀、象之形……不许于宅前后左右多占地，构亭馆，开池塘，以资游眺”①。随着社会经济的发展和统治阶级对享乐生活的追求，明代园林建筑出现繁盛的局面。明成祖朱棣营建北京城时，已在紫禁城内外建造皇家御苑。自明中叶起，奢靡之风渐盛，逐渐形成一个造园高潮，尤以北京、南京、苏州等地最盛。达官贵族私家园林的数量和规模，都远远超过前代，并在园林意境的设计、造园手法的创新等方面，把中国古典园林推向更高的艺术境界。

---

① 《明史·舆服志》。

第一节

皇家园林

>>>

以体象天地，笼盖宇宙为艺术表现手段的中国皇家园林发展到明代，已失去汉、唐时期的宏伟气势，而转为对园林艺术创作的精益求精。明代皇家园林主要集中在北京。明成祖在营建北京城时，十分重视苑囿的建设，以巨大的人力和财力建造皇家御苑。明代皇家园林，如位于紫禁城内的宫后苑和建福宫花园，位于皇城内的西苑、万岁山、东苑和兔园以及作为猎场的行宫御苑——南苑，比起规模宏大、雄伟壮观的西汉上林苑、唐华清宫、宋艮岳，显得气势要小得多。然而，明代皇家园林却把芥子纳须弥作为造园空间的基本原则，在园林中精心设置假山叠石、小桥流水、亭台楼阁、花草树木等丰富多彩的景观，以园林建筑和造园技巧等方面辉煌的艺术成就而取胜。明代皇家园林在中国皇家园林发展史上具有承前启后的作用，它是北京地区园林发展的重要时期，并为清代兴起的皇家造园高潮奠定了基础。

一、宫后苑

宫后苑（清代改称御花园），在紫禁城南北中轴线的北端，始建于永乐十五年（1417），后虽有修葺，但基本格局未变。它的平面呈长方形，东西长135米，南北宽89米，占地1.2万平方米。南面正中的坤宁门通后三宫，东南的琼华东门通东六宫，西南的琼华西门通西六宫，北面的顺贞门是北宫墙三座并列的琉璃门，门外即玄武门。园内建筑密度较高，20多幢建筑物按左右对称的格局安排，并点缀山石树木、花池盆景和五色石通道，既显示豪华的皇家气派，又富有浓郁的园林气氛。园内建筑按中、东、西三路布置，以布局紧凑，古雅富丽而著称。

中路的天一门前陈列一对精美的鎏金麒麟，门内是主体建筑钦安殿。大殿坐落在汉白玉须弥座上，面阔5间，进深3间，重檐黄琉璃瓦盝顶，殿顶中央设置鎏金宝瓶。殿四周环绕望柱栏板，栏板雕饰二龙戏

紫禁城御花园布局

珠图案。殿的东、西、南三面设低矮垣墙，形成园内一座独立的院落。殿内供奉元天上帝神像。

东路的北端原为明初修建的观花殿，万历十一年（1583）废殿改建为一座叠石假山——堆秀山。山上湖石嶙峋，峰峦起伏，山顶建御景亭，每年重阳节帝后在此登高远眺。亭为方形四柱，攒尖顶，上覆绿琉璃瓦，四面设隔扇门，亭内设宝座。山上还装置水法，用铜缸注水，由高处引下，从山前石蟠龙口中喷出。堆秀山东侧是面阔5间的摛藻堂。摛藻堂东面建有凝香亭，方形单檐，上覆蓝、绿、黄三色琉璃瓦，色彩绚丽。摛藻堂前有长方形水池，池周围环绕雕栏。池正中石拱桥上有一方亭，名浮碧亭。亭为攒尖顶，覆绿琉璃瓦，亭内天花正中装饰精美的双龙戏珠藻井。浮碧亭的南面是万春亭。亭上圆下方，抱厦四出，平面十字形，攒尖顶，覆黄琉璃瓦，周围环绕汉白玉栏杆。万春亭前面有一座小巧精致的井亭，井亭南面是背靠宫墙的绛雪轩。绛雪轩坐东面西，面阔5间，正面中间3间前出抱厦，硬山琉璃瓦顶。轩内装饰朴素典雅，门窗一律为楠木本色，仅梁枋施以简单的绿竹纹彩画。轩前有一座五色琉璃花坛，须弥座上雕饰行龙及缠枝宝相花图案，上部环绕翠色栏板和绿色望柱，坛内种植牡丹、太平花，当中设置太湖石，堪称宫中花坛的杰作。

西路北端的延晖阁，与御景亭遥相呼应。阁坐北朝南，三开间，上下两层，黄琉璃瓦歇山顶。登阁可俯视园中景色。延晖阁的西面是位育斋。斋坐北朝南，面阔5间，建筑形式与东路的摛藻堂相同。斋前的水池、亭、桥及南面的千秋亭，从形式到布局，都与东路摛藻堂到万春亭的建筑相对称。千秋亭南面靠西宫墙的养性斋，平面呈凹字形，上下两层，上层回廊四出，下层湖石环抱。斋前以叠石假山障隔为庭院，形成园内相对独立的景区。养性斋东北建有一座假山，在山前石台上可俯视园景。

后宫苑的20余幢建筑，除万春亭和千秋亭，浮碧亭和澄瑞亭相雷同，其余建筑在保持左右对称的格局下，尽量依地形而安排，并在建筑色彩、造型、装饰等方面予以变化，体现出寓变化于严整之中的庭院特色。

二、西苑

位于北京紫禁城和万岁山西侧的西苑，是明代规模最大的皇家园林。西苑包括今北海、中海、南海一带，以横跨在北海和中海之间的七孔白石桥为纽带，将三海联为一体。

西苑的历史可追溯到辽、金时期。辽建燕京（今北京）时，曾在此地营建瑶玙行宫，成为帝王游乐之处。金灭辽，在燕京故址建造中都，于大定十九年（1179）疏浚水道扩大湖面，将挖出的泥土堆成小岛，取名琼华岛，并以琼华岛为中心兴建大宁宫，在岛的最高处建广寒殿。元代以大宁宫的湖泊为中心建造大都城，将琼华岛改称万寿山（又名万岁山），这里成为皇家禁苑。苑内水面称太液池。明代，因北海与中海、南海都在皇宫西侧，故将三海合称西苑。

明初，西苑大体保持元代太液池的规模和格局，只是对广寒殿、清暑殿和琼华岛的部分建筑稍加修葺。天顺年间（1457—1464）开始进行较大规模的扩建。主要工程有填平仪天殿与紫禁城之间的水面，把原来的土筑高台改为砖砌城墙的团城，并将团城与西岸之间的木吊桥改建为金鳌玉蛛桥，修建牌楼、宫殿等建筑群；开辟南海，扩大太液池的水面，将金鳌玉蛛桥以北称北海，蜈蚣桥以南称南海，两桥之间称中海，从而完成北海、中海、南海的整体布局；在琼华岛和太液池沿岸增建一系列新建筑，使殿阁楼亭鳞次栉比，秀丽景色琳琅满目。天顺三年（1459）四月，明英宗朱祁镇召大臣从游西苑，韩雍、李贤、叶盛等各作《赐游西苑记》，对西苑胜景加以描述。请看韩雍笔下的西苑景观：

天顺三年四月六日，赐公卿大臣以次游西苑，遂由西华门而西入西苑门，即太液池之东南岸也。池广数百顷，蒲荻丛茂，水禽飞鸣游戏于其间，隔岸林树阴森，苍翠可爱，乃北折循岸而行，可二三里，至椒园。园内行殿在池树中。殿之北有钓鱼台，南有金鱼池。又北行可三四里，至圆殿，观灯之所也。殿台临池，环以云城，中官旋开门以入，历阶而登，殿之基与睥睨平，古松数株，高参天，众皆仰视。其西以舟作浮桥，横亘地面，北则万岁山在焉。度石桥登山，山在池之中，垒石为之，高数仞，广可容万人。山之麓以石为门为垣。门之内稍高有小殿，环殿奇峰怪石万状，悉有名花嘉木，争妍竞秀，琴台、棋局、石林、翠屏之类分布森列。峰有最奇者名翠云。沿西坡北上，有虎洞、吕公洞、仙人庵，又上有延和殿、瀛洲殿、金露殿。瀛洲之西，汤池之后，有万丈井，深不可测。由金露折而东，上绝顶，则有广寒殿。高广明靓，四壁雕彩云累万，结砌而成。东下至玉虹，又下而南至方壶、至介福，皆与延和诸殿相峙，而方壶、瀛洲为广寒殿左右之奇特者也。又下至山之东麓，过石桥，复折北循岸数百步，至九间殿，门外系五六小舟。稍北有船房，苫龙船其中。又北行数里，至北闸，上横小亭，钓竿数十，线饵具备，垂之清流，嘉鱼纷集。沿池之北岸而西，西尽复折而南，有畜水禽之所二，相去数里，皆编竹如窗，下通活水，启扉以观，鸟集翔鸣。又南至浮桥西，圆殿对岸也。复出而南数里，至小教场，观勇士习御马。循故道出，东南行数里，至小石桥，桥上有亭，过而上崇坡，为南台，台之中有行殿，殿之南门外临流作小轩。①

① 转引自任常泰、孟亚男《中国园林史》，北京燕山出版社，1993年版，第156—157页。

明英宗之后，正德、嘉靖、万历等朝，相继在中海、南海沿岸增建亭台阁榭，堆山叠石，使西苑的建筑更加丰富多彩，景色秀丽宜人，成为明代最具代表性的皇家园林。

西苑的东面沿三海东岸筑宫墙，设有西苑门、乾明门、陟山门。进正门西苑门，沿东岸往北为蕉园，又称椒园，主体建筑崇智殿平面呈圆

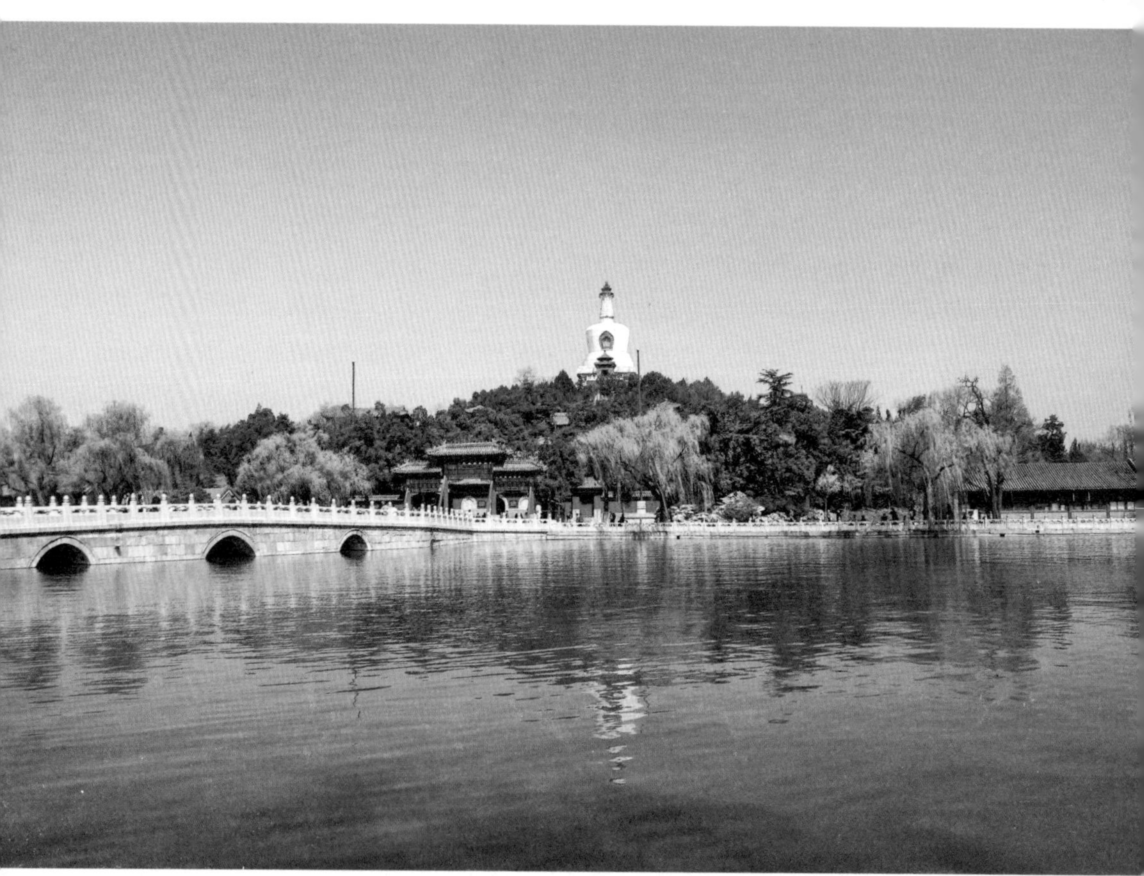

金鳌玉蛛桥

金海桥，又称御河桥、金鳌玉蛛桥。位于北海公园南门西侧，文津街东头，横跨于北海与中海之间。始建于至元元年，后经多次改建、维修，保持了原桥的风格，中间一孔用于通水，其余封堵作为装饰。整个桥身如同一条洁白无瑕的玉带，是中国古老堤障式石拱桥的典型。

形，屋顶饰黄金双龙。蕉园西面，有一亭孤立水中，名水云榭。此亭犹如一颗璀璨的明珠，打破了水面的沉寂，使整个中海为之生辉。循东岸北行，直抵团城。团城是一座高 4.6 米的圆台，周长 276 米，两掖有门，东曰昭景，西曰衍祥。元代在团城建仪天殿，明嘉靖三十一年（1552）重修后，更名乾光殿，重檐圆顶，周围出廊。殿前有玉瓮亭，内置元代玉瓮。殿北的敬跻堂是一组廊屋，平面呈半圆形，共 15 间，堂东侧有古籁堂、朵云亭，西侧有余清斋。

团城西面有大型石拱桥，因桥东、西两端各建牌楼金鳌、玉蝀，故称金鳌玉蝀桥。团城北面的琼华岛上怪石嶙峋，崖洞幽邃，树木蓊郁，亭台楼阁高低错落，构成富有诗情画意的园林景观。山半腰有三座并列的殿堂，中为仁智殿，左右是介福殿和延和殿。矗立在山顶的广寒殿，是一座面阔 7 间的大殿，檐宇翚飞，高耸云霄，显得十分雄伟壮观。殿左右分列方壶、瀛洲、玉虹、金露等四座小亭，前临悬崖，后障石壁。

北海北岸西面，有一组临水的建筑群。主体建筑太素殿建于天顺四年（1460），原是皇太后避暑的居所，后改建为先蚕坛，成为供奉蚕神的场所。正殿屋顶以锡为之，不施砖甓，显得朴素典雅。嘉靖二十二年（1543），将太素殿前的会景亭加以修饰，改称龙泽亭，并在两旁新建四亭，合称五龙亭，作为皇帝钓鱼、观焰火的地方。五亭均为方亭，上覆绿琉璃瓦，黄瓦剪边，以石桥联为一体，是北海北岸点缀风景的精美建筑群。龙泽亭居中，东为澄祥亭、滋香亭，西为涌瑞亭、浮翠亭。

从太素殿往南，太液池西岸有育养禽兽的天鹅房、水禽馆。临水建有映辉亭、迎翠殿、澄波亭。迎翠殿南为清馥殿，殿前有翠芳亭和锦芬亭。澄波亭是向东眺望万岁山的最佳景点。

西苑总面积 2 500 亩（约 1.67 平方千米），水面占一半以上。全园以水为主，水中堆积岛屿，在岛上及沿岸布置建筑景观，点缀山石树木，将浩渺的水面及散置于其中的亭台楼阁，都包含在皇家御苑之中。这样的总体布局，使西苑建筑依山傍水，高低错落，掩映在苍松翠柏

先蚕坛

蚕神是中国民间信奉的司蚕桑之神。中国是最早发明种桑饲蚕的国家。在古代男耕女织的农业社会经济结构中，蚕桑占有重要地位。所以无论是统治阶级还是普通的劳动人民都对蚕神有着很高的敬意。先蚕坛位于北海公园的东北角，为北京的九坛八庙之一。

之中，成为既有仙山琼阁之境界，又富有山水田园之风光的古典园林范例。

三、兔园

兔园位于皇城西南隅，是在元代西御苑的基础上改建的明代皇家御苑。

兔园的整体布局有明显的南北中轴线，山池、楼阁等建筑均沿轴线配置。园中有一座山石堆叠的大假山，名兔儿山。山腹有石洞，从东、西两面盘纡而上，在山腰的旋磨台汇合后，再分绕至山顶。山顶耸立嘉靖十三年（1534）建的清虚殿，是皇城内的一处制高点。山北麓有鉴戒亭，亭中设置书橱，以备皇帝临幸时浏览书籍使用。山南麓建大明殿。

大假山的造型犹如云龙，山上埋设大铜瓮，瓮中灌水顺山而流，以便利用水的落差观赏水景。每逢重阳节，皇帝都前往兔儿山登高，俯瞰都城景色。

清高士奇《金鳌退食笔记》对兔园景观有详细描述。

> 兔园山，在瀛台之西。由大光明殿南行，叠石为山，穴山为洞，东西分径，纡折至顶。殿曰清虚，俯瞰都城，历历可见。砌下暗设铜瓮，灌水注池，池前玉盆内作盘龙，昂首而起，激水从盆底一窍转出龙吻，分入小洞，复由殿侧九曲注池中。乔松数株参立，古藤萦绕，悬萝下垂，池边多立奇石，一名小山子，又曰小蓬莱。其前为曲流观，甃石引水，作九曲流觞，皆雕琢奇异，布置神巧。明嘉靖时，复葺鉴戒亭，取殷鉴之义。又南为瑶景、翠林二亭，古木延翳，奇石错立，架石梁通东西两池。南北二梁之间曰旋磨台，螺盘而上，其巅有甃，皆陶埏云龙之象，相传世宗礼斗于此。台下周以深堑，梁上玉石雕栏，御道凿团龙，至今坚完如故。①

第二节
私家园林

>>>

明代园林建筑，以私家园林的艺术成就最为灿烂辉煌，并深刻影响皇家园林和寺观园林的发展。私家园林的主人，或为皇亲国戚，或为官绅富商，或为文人雅士，他们以隐逸野居为高雅，虽身居城市，却思山

① 转引自任常泰、孟亚男《中国园林史》，北京燕山出版社，1993年版，第160页。

林之野趣。于是，他们在造园过程中，既艺术地再现自然山水风光，又在山水中寄托自己的审美情趣和审美理想。为此，私家园林把小桥流水、亭台楼阁、山石树木、田园牧歌式的遁世归隐一类的意境作为园林艺术的最高追求。然而，比起气势辉煌、规模宏大的皇家园林，私家园林大都面积窄小、景色有限。为克服这一缺陷，明代造园家充分利用墙垣、漏窗、亭廊、楼阁、假山、树木等，把全园划分为若干既独具特色、自成一景，又相互联系、主次分明的景区，使各景区规模虽小，却能以连续空间组合的曲折变化，给人以丰富多彩的景观画面。私家园林建筑以轻巧淡雅、玲珑活泼为艺术特色，或以各式各样的厅堂、楼阁、亭榭、廊庑、桥梁、墙壁等衬托自然，或以种类繁多的窗扉、屏门、栏杆、匾额、顶棚、屏风等美化建筑。总之，明代私家园林建筑艺术与技巧，均已高度成熟，并形成北京园林和江南园林两种不同的地方风格。

一、北京园林

明代，北京是全国的政治、文化中心，私家园林的数量和质量均位居前茅。据明刘侗、于奕正《帝京景物略》记载，内城和外城的宅园多达七八十处，尤以什刹海一带为最多。西北郊海淀周围，泉水充沛，远山如屏，造园条件优越，也有许多私人宅园。与江南私家园林的园主多为官运不济的士大夫和落魄文人不同，北京私家园林的园主大多为皇亲国戚、达官贵人。因此，北京私家园林一般规模较大，体现更多的华靡色彩，从总体布局到山水处理、建筑形式，甚至内部装饰都模仿皇家园林，力图显示皇家气派。造园叠山多采用北京地区出产的北太湖石和青石，建筑布局多为封闭式的四合院并注重中轴对称，园林往往布置在主厅堂的后面或一侧，由此形成富丽堂皇、刚健雄浑的园林风格。北京的私家园林为数众多，著名的有定国公园、英国公园、英国公新园、冉驸马宜园、万驸马曲水园、李皇亲清华园和新园、惠安伯园、袁伯修抱瓮亭、梁梦龙梁家园、李长沙别业、米万钟勺园等。

（一）定国公园

定国公园是定国公徐增寿后代的宅园，在什刹海西岸的积水潭。徐增寿是明代开国元勋徐达次子，因参与燕王朱棣发动的“靖难之役”，被明惠帝朱允炆杀害。永乐二年（1404），明成祖朱棣追封徐增寿为定国公，子孙世袭。嘉靖五年（1526），徐增寿五世孙徐光祚加官太师，故又称太师圃。什刹海沿岸是明代寺观和园林密集的地方，定国公园为创建最早的一座，并以清雅幽致而名噪一时。请看《帝京景物略》的描述：

> 环北湖之园，定园始，故仆莫先定园者。实则有思致文理者为之，土垣不垩，土池不甃，堂不阁不亭，树不花不实，不配不行，是不亦文矣乎。园在德胜桥右，入门，古屋三楹，榜曰“太师圃”，自三字外，额无匾，柱无联，壁无诗片。西转而北，垂柳高槐，树不数枚，以岁久繁柯，阴遂满院。藕花一塘，隔岸数石，乱而卧，土墙生苔，如山脚到涧边，不记在人家圃。野塘北，又一堂临湖，芦苇侵庭除，为之短墙以拒之。左右各一室，室各二楹，荒荒如山斋。西过一台，湖于前，不可以不台也。老柳瞰湖而不让台，台遂不必尽望。盖他园，花树故故为容。亭台意特特在湖者，不免佻达矣。园左右多新亭馆，对湖乃寺。万历中，有筑于园侧者，掘得元寺额，曰“石湖寺”焉①。

据此可知，定国公园最大特色是质朴无华，即墙不涂饰，地不修砌，厅堂不讲究外观形式，树木不追求名花佳果，房屋配置不按行列，任其自然。园内建筑，只记有古屋三楹、临湖一堂、左右二室、湖前一台，然而，这屈指可数的建筑景观，却与自然景色有机地融为一个整体。例如“藕花一塘，隔岸数石，乱而卧，土墙生苔，如山脚到涧边，不记在人家圃。”显然，藕花、池塘、山石、土墙，已组合为丰富的园林景观画面，形成“虽由人作，宛自天开”的造园艺术境界。

（二）英国公新园

英国公新园在城北银锭桥附近的观音庵，是英国公张辅后代的宅

---

①［明］刘侗、于奕正《帝京景物略》，北京古籍出版社，1980年版，第29页。

园。永乐六年（1408），张辅被封为英国公，子孙世袭。关于新园，《帝京景物略》有如下记载。

崇祯癸酉（崇祯六年，1633）岁深冬，英国公乘冰床，渡北湖，过银锭桥之观音庵，立地一望而大惊，急买庵地之半，园之，构一亭、一轩、一台耳。但坐一方，方望周毕，其内一周，二面海子，一面湖也，一面古木古寺，新园亭也。园亭对者，桥也。过桥人种种，入我望中，与我分望。南海子而外，望云气五色，长周护者，万岁山也。左之而绿云者，园林也。东过而春夏烟绿，秋冬云黄者，稻田也。北过烟树，亿万家甍，烟缕上而白云横。西接西山，层层弯弯，晓青暮紫，近如可攀①。

显然，园中建筑并不多，只构一亭、一轩、一台，然而，却巧妙地运用借景手法，将四周壮丽优美的景色与园中建筑融为一体，“但坐一方”即可饱览周围的胜景。层峦叠翠的万岁山，苍松翠柏的园林，春绿秋黄的稻田，晓青暮紫的西山，尽可收入视野。甚至连银锭桥上来来往往的行人，也可与园主一同欣赏周围景物，即“过桥人种种，入我望中，与我分望”。不难看出，新园最大的特点是靠借景而取胜的城市园林。

（三）宜园

宜园在城东石大人胡同，是驸马冉兴让的宅园。冉兴让娶明神宗朱翊钧之女寿宁公主为妻。宜园始建于正德年间（1506—1521），原为咸宁侯仇鸾所筑，后归成国公，再后归冉驸马。《帝京景物略》对宜园的记载如下。

冉驸马宜园，在石大人胡同，其堂三楹，阶墀朗朗，老树森立。堂后有台，而堂与树，交蔽其望。台前有池，仰泉于树杪堂溜也，积潦则水津津，晴定则土。客来，高会张乐，竟日卜夜去。视右一扉而扃。或启焉，则垣故故复，迳故故迂回。入垣一方，

① ［明］刘侗、于奕正《帝京景物略》，北京古籍出版社，1980年版，第31—32页。

假山一座满之，如器承餐，如巾纱中所影顶髻。山前一石，数百万碎石结成也①。

中国古典园林十分重视理水，除引河水、湖水入园，有条件者，还在园中凿池，构筑人工水体。明代私家园林的理水艺术相当成熟，在园中凿池，沿池建堂，堂前堂后临水筑台，已成为造园的模式，这在宜园中也得到体现。宜园堂后有台，台前有池。然而遗憾的是，池水无水源，靠下雨积水，久晴则干涸。堂右侧有一小门，但经常关闭。进入院门，则见墙垣重重，曲径迂回。庭院中耸立一座假山，“如器承餐”，如同裹在头上纱巾里的顶髻。山前的叠石颇具特色，由数百万碎石结成，名为万年聚。

（四）清华园

清华园，又称李园，在海淀区北京大学西门外，是武清侯李伟的宅园。李伟是明神宗朱翊钧的外祖父，官封武清侯，是一位声名显赫

清华园门

① ［明］刘侗、于奕正《帝京景物略》，北京古籍出版社，1980 年版，第 56 页。

的皇亲国戚。明代，今海淀镇一带，泉水汇成一片片天然湖泊，河渠纵横，湖水广阔，是著名的山水风景胜地。许多达官贵人不惜重金在此建造宅园，万历十年（1582）前后建成的清华园，是其中规模最大的一座。

清华园规模宏大，风景秀丽，文献记载“方十里”“广七里”“周环十里”。根据清康熙年间在其废址上修建的畅春园的面积来推算，占地约80万平方米。园内开凿一座大湖泊，全园以水为主，水面以岛、堤隔为前湖和后湖。主体建筑挹海堂位于前、后湖之间，为全园风景构图的重心。堂北有一座秀丽的小亭，名清雅亭，亭四周遍植牡丹、芍药等观赏花木，并垒有多处假山石。后湖有一岛屿，与南岸架桥相通。岛上建花聚亭，开辟有荷花池，池旁假山重重，每当荷花盛开时，只见花而不见叶。山水之间，建一幢百尺高楼，上下各5间，登楼远眺，西山、玉泉山秀色尽入眼帘。后湖西北岸临水建水阁，叠石激水，发出音响，其形状如水帘，其声音似瀑布。园内厅、堂、楼、台、亭、阁、榭、廊、桥等各种建筑，装饰精美，色彩艳丽。园内叠山采用的山石材料，大多为产石名地灵璧、太湖、锦川运来的名贵怪石，山的造型奇特精巧。园内种植的各科乔木多达千株，尤以成片种植的牡丹、青竹最负盛名。每逢林荫满园时，繁花似锦，香飘十里，时人誉为“京华第一名园”。明高道素《明水轩日记》云：“清华园前后重湖，一望漾渺，在都下为名园第一。若以水论，江淮以北，亦当第一也。”

有关清华园的记载，以《天府广记》较为详细：“海淀李戚畹园，方广十余里，中建挹海堂，堂北有亭，亭悬清雅二字，明肃太后手书也。亭一望尽牡丹，石间之，芍药间之，濒于水则已。飞桥而汀，桥下金鲫长者五尺，汀而北一望皆荷，望尽而山宛转起伏，殆如真山。山畔有楼，楼上有台，西山秀色，出手可挹。园中水程十数里，屿石百座，灵璧、太湖、锦川百计，乔木千计，竹万计，花亿万计。闽中叶公向高曰：‘李园不酸，米园不俗。’”① 正因为清华园具有如此的规模和布局，

① 转引自任常泰、孟亚男《中国园林史》，北京燕山出版社，1993年版，第173页。

清代才在其废址上修建了第一座皇家御苑——畅春园。

（五）勺园

勺园位于海淀区北京大学图书馆和留学生楼一带，是与清华园齐名的私家园林。勺园建于万历三十九至四十一年（1611—1613）。园主米万钟（1570—1628），字仲诏，号友石，北宋书画家米芾后裔，万历二十三年（1595）进士，二十四年授江宁令尹，官至太仆少卿。他是明末著名的诗人和书画家，有很深的艺术造诣，不仅诗文享誉文坛，画风独具一格，而且驰骋翰墨，颇有祖风，与华亭（今上海松江区）董其昌并称为"南董北米"。他在江南做官时曾游览过许多江南名园，定居北京后建造三处园林，即湛园、漫园、勺园，尤以勺园的造园艺术最为精湛，在北京园林中首屈一指。时人有"李园壮丽，米园曲折；米园不俗，李园不酸"的评价。

明孙国光在《游勺园记》中，对勺园的园景布局有详细描述。

园入路有棹楔曰风烟里。里之内，乱石磊珂齿齿，夹堤高柳荫之。折而南，有堤焉。堤上危桥云耸，先令人窥园以内之胜，若稍以游人之馋想者，曰缨云桥，盖佛典所谓璎珞云色，苏子瞻书额。直桥为屏墙，墙上石，曰雀滨，黄山谷书额。从桥折而北，额其门曰文水陂，吕纯阳乩笔书额。门以内，无之非水也。而跨水之第一屋，曰定舫。舫以西，有阜隆起，松桧环立离离，寒翠倒池中，有额曰松风水月。阜陡断，为桥九曲，曰逶迤梁，即园主人米仲诏先生书额。逾梁而北，为勺海堂，堂额吴文仲篆。堂前古石蹲焉，栝子松椅之。折而右个，为曲廊，廊表里复室皆跨水，未入园先闻响一屧声。南有屋，形亦如舫，曰太乙叶，盖周遭皆白莲花也。从太乙叶东南走竹间，有碑焉，曰林于澨。燕京园墅得水难，得竹弥难。竹间有高楼，从万玉中涌出，曰翠葆楼，楼额邹颜吉书。登斯楼也，如写一园之照，俯瞰池中田田，今人作九品莲台想。更从树隙望西山爽气，尽足供柱笏云。从楼中折而北，抵水，无梁也。但古树根络绎水湄，仍以达于太乙叶，曰槎枒渡。亦园主人自书额。从楼而东，一径如鱼脊，拾级而上为松岗，有石笋离立，一石几峙其上。又蛇行下，折而北，为水榭，榭盖头以茅，正与定舫直，而不相通。榭下水仅碧藻沈泓，禁莲叶不得躏入，盖鱼龙瀺灂所都处也。自是返自曲廊，别有耳室，其上一线漏明，如天井岩，梯而上，旷然平台，不知其下有屋。屋下复有莲花承之也。从台而下，皆曲廊，如螺行水面，以达于最后一堂，堂前与勺海堂直，仍是莲花水隔之，相望咫尺不得通。启堂后北窗，则稻畦千顷，不复有缭垣焉①。

勺园占地约百亩，四周筑有围墙，园北有门，门额题“风烟里”三字。入门后，南面凿有一座水池，池上有桥，称为缨云桥。桥对面是一堵屏墙，墙上镶嵌一块巨石，石上刻“雀滨”二字。从桥折向北，有一座大水池，称为文水陂。过水池有一书斋，称为定舫。西面有一高坡，题为“松风水月阜”。登坡至尽头，筑有曲桥，称为逶迤梁。曲桥北面，即为勺园的主体建筑勺海堂。米万钟一生喜爱山水花石，家中多蓄奇石，勺海堂庭院中遍立怪石，造型千姿百态。堂的右侧筑有曲廊，有屋如舫，称为太乙叶。四周水池种满白色的莲花。堂的东面是一片茫茫翠竹，竹丛中耸立一座高楼，名为翠葆楼。楼的西北，有一高阁，名为色空天，阁内供一尊大士像。此处备有一只长方形大木船，称为海桴，游人可荡舟欣赏园中秀丽景色。

勺园是一座因水成景的园林。全园以水为主，建筑物则依地形而安排，并与湖水、花草、树木、山石相结合，形成太乙叶、色空天、翠葆楼等各具特色的景区。各景区间以水道、石径、曲桥、廊子相连接，融为有机的园林整体。

二、江南园林

明代，江南地区是全国的经济中心。江南气候温和湿润，河道纵横交错，物产丰富，景色优美，为造园提供了优越的自然条件。云

---

① 转引自任常泰、孟亚男《中国园林史》，北京燕山出版社，1993年版，第175—176页。

集在江南的官绅富商、文人雅士，希望身居庙堂而能长期享用大自然的山林野趣。于是，自明中叶起，随着经济的繁盛，形成一个空前的造园高潮，使江南私家园林得到迅速发展。仅明代著名文学家王世贞《游金陵诸园记》列举陪都南京的名园，就有东园、西园、魏公南园等 35 处，其中属于徐达后裔的有 10 余处。江南名城，如扬州、苏州、杭州、无锡、上海，都是私家园林的荟萃之地。著名的园林，如苏州的拙政园、归田园居、艺圃、梅花墅，扬州的影园，杭州的横山草堂，无锡的寄畅园、愚山谷，上海的豫园、秋霞圃、露香园、熙园以及太仓的弇山园、绍兴的青藤书屋等，都代表明代江南园林的最高艺术水平。

明代江南园林，以其精湛的造园技巧，浓郁的诗情画意和精美雅致的艺术格调，成为中国古典园林后期发展史上的一个高峰，并对清代皇家园林产生深刻影响。

（一）拙政园

位于苏州娄门内东北侧的拙政园，是苏州最大的一座园林，也是江南园林的杰出代表。园址在唐代是文学家陆龟蒙的住宅，元代建为大弘寺。明正德八年（1509）前后，因官场失意弃官还乡的御史王献臣，购买原大弘寺遗址后，营建住宅园林。王献臣因仕途不得志，遂自比西晋潘岳，并借潘岳《闲居赋》中“庶浮云之志，筑室种树，逍遥自得；池沼足以渔钓，舂税足以代耕；灌园鬻蔬，以供朝夕之膳；牧羊酤酪，以竢伏腊之费；孝乎唯孝，友于兄弟，此亦拙者之为政也”的句意，命名为拙政园。

据嘉靖十二年（1533）画家文徵明所作《王氏拙政园记》和《拙政园图》的记载，明朝中期建园之初，园内建筑稀疏，而茂树曲池，水木明瑟旷远，极富自然情趣，是一座因地制宜，利用原有洼地整理成池，环以林木和亭台楼阁的山水风景园。王献臣死后，拙政园被他的儿子赌博输给徐氏。崇祯八年（1635），园东部归王氏，另建归田园居，余下部分又屡易园主。现园大体为清末规模，由中区（拙政园）、西区（补园）和东区（归田园居）三部分组成，总面积约 62 亩（1 亩≈666.67 平方米）。

拙政园

拙政园与北京颐和园、承德避暑山庄、苏州留园一起被誉为“中国四大名园”。拙政园分为东、中、西三部分，东花园开阔疏朗，中花园是全园精华所在，西花园建筑精美，各具特色。

中区面积约18.5亩，围绕正中的大水池，临水建有远香堂、见山楼、澄观楼、浮翠阁、枇杷园等楼阁轩榭，并以漏窗、回廊、洞门相互连接，建筑高低错落，景区变化有致，园景开阔疏朗，成为全园景观之精华。

沿夹弄小巷进入腰门，迎面是一座黄石假山。山石体形虽不大，但堆叠自然，犹如一面屏障遮住园内景观。绕过假山，循曲廊跨小桥，周围园景豁然开朗。首先映入眼帘的是中区的主体建筑远香堂。明计成认为：“凡园圃立基，定厅堂为主。先乎取景，妙在朝南。”① 远香堂是

① 《园冶注释》，中国建筑工业出版社，1988年版，第71页。

拙政园远香堂

园中主厅，面阔 3 间，单檐歇山顶。这座厅堂是园主宴饮宾客的场所，采用四面厅形式，南北是门，东西皆窗，置身厅堂，可环览园中四面景色，犹如观赏长幅山水画卷。每逢夏日，荷花满池，清香远溢，满堂香气，故取宋代周敦颐《爱莲说》中“香远益清”句意，题名“远香堂”。

远香堂东南的枇杷园，是以起伏的云墙和假山围成的独立景区。园内种植枇杷、海棠、芭蕉、木樨、翠竹等花木，环境幽雅。院中玲珑馆、听雨轩、嘉实亭的建筑装修及漏窗、铺地等，极为精巧细致。枇杷园云墙北侧辟有圆洞门，额曰“晚翠”，由此北眺掩映于林木中的雪香云蔚亭，南望显露在枇杷丛中的嘉实亭，景色绝佳。比邻的小院，因院内种植海棠而得名海棠春坞。两院之间以曲廊相连，以漏窗、洞门相通，融为一个整体。

中区北部池水中有两座土石岛山。山巅建二亭，四周遍植竹木，竹树篁深，鸟鸣蝉吟，颇有“蝉噪林愈静，鸟鸣山更幽”的诗情画意。岛西北高耸的见山楼，是中区唯一的楼阁。此楼无梯，西侧有爬山廊可通楼上。登楼可远眺天平、灵岩诸山，巧借外景入园，为苏州园林借景之范例。

远香堂北面有一座宽敞的临池平台，由此经倚玉轩，循廊折向西，是小飞虹桥。桥面略微起拱，朱漆栏杆，倒影如虹，故名小飞虹。经此桥过得真亭，有水阁3间架于池上，这就是水院小沧浪。这里廊桥回转，亭榭接踵，水波荡漾，幽雅清静，具有浓郁的江南水乡气息。在小沧浪凭栏北眺，透过小飞虹的栏柱，见山楼、荷风四面亭、香洲等远近不同的景观，尽收眼帘。

香洲是一座三面临池的旱船，与倚玉轩隔水相对，船前舱悬文徵明题“香洲”匾额。古人称旱船为不系舟，用以象征不受官场羁绊，悠然自得泛舟湖上的意趣。香洲的中舱嵌一面大镜，以镜借手法将对面园景借入其内，别有一番情趣。香洲的后舱为澄观楼，登楼可高瞻远望。香洲西南的玉兰堂，因院中种植玉兰而得名。庭院清静，素雅宜人，相传建园初为文徵明的画室。荷风四面亭是一座六角形敞亭，四周荷花清香，垂柳依依，景色十分优美。由玉兰堂循西廊至半亭别有洞天，穿洞门即入西区。明代，西区是一片竹树繁茂，湖水浩渺的自然风景区，充满浓郁的天然野趣。

拙政园的布局以池水为中心，园内建筑大都临水而建。由于采用虚实对比、借景、障景等造园手法，使悠悠流水萦绕的楼台亭榭、山石树木，在有限的空间内构成若干互相联系，层次丰富的景区，给人以疏朗开阔、平淡自然的审美感受。

（二）归田园居

与拙政园仅一墙之隔的归田园居，是明末刑部侍郎王心一的宅园。王心一在《归田园居记》中说：“余性有邱山之癖，每遇佳山水处，俯仰徘徊，辄不忍去，凝眸久之，觉心间指下，生气勃勃，因于绘事，亦稍知理会。辛未（崇祯四年，1631）末，以先府君年高，弃官归田。敝庐之后，有荒地十数余亩。偶地主求售，余勉力就焉。地可池，则池之，取土于池，积而成高，可山，则山之；池之上，山之间，可屋则屋之。兆工于是岁之秋，落成于乙亥（崇祯八年，1635）之冬，友人文湛持为余额之，曰归田园居。”①

归田园居空间比较开敞，主要建筑兰雪堂、秫香楼、泛红轩、竹香廊等散布于其中。园林以水为主，建筑大多临水而建，山径水廊起伏曲折，山水与楼阁亭榭相映成趣，呈现一派江南水乡风貌。

入门后，沿廊前行，抵达秫香楼，登楼可眺望四周景色。秫香楼南面，是大片的池水，水中遍植荷花，香气袭人，景色优美。沿蜿蜒的长廊，可达泛红轩。自泛红轩绕南而西，是园内主体建筑兰雪堂。兰雪堂面阔 5 间，堂前辟有涵青池，周围种植桂树、梅花、翠竹。涵青池旁，立有 5 座皱瘦透漏的石峰。池南一峰如云缀树杪，名为缀云峰。池左两峰并峙，如掌似帆，名为联璧峰。兰雪堂西面是溪水萦绕的土山，山顶有亭，称放眼亭。在此放眼四望，周围秀色尽收眼底，令人心旷神怡。东北角的土坡边，散置湖石，古木参天，茂林修竹，饶有山林野趣。

（三）寄畅园

寄畅园位于无锡惠山东麓，是著名的江南古典园林之一，园址原为元代佛寺的一部分。明正德年间（1506—1521），兵部尚书秦金辟为别墅，取名凤谷行窝，又称秦园。万历十九年（1591），秦金后裔、都察院右副都御史秦耀解官回乡，悉心修筑此园，并疏浚池塘，扩建园居，构成园景 20 处。他每景题诗一首，咏物抒怀，并取晋王羲之《答许椽》诗中的“取欢仁知乐，寄畅山水阴”句意，改园名为寄畅园。

寄畅园背山临流，巧借惠山，分割池水，是一座以山水取胜的江南名园。明代诗人王稚登于万历二十七年（1599）作《寄畅园记》，称赞道：“环惠山而园者，若棋布然，莫不以泉胜；得泉之多少，与取泉之工拙，园由此甲乙。秦公之园，得泉多而取泉又工，故其胜遂出诸园之上。”

寄畅园的主要景区是狭长形的水池锦汇漪及周围景物，池的西、南是山林自然景色，东、北岸则以建筑景观为主。锦汇漪面积 2.5 亩，池

① 转引自任常泰、孟亚男《中国园林史》，北京燕山出版社，1993 年版，第 188 页。

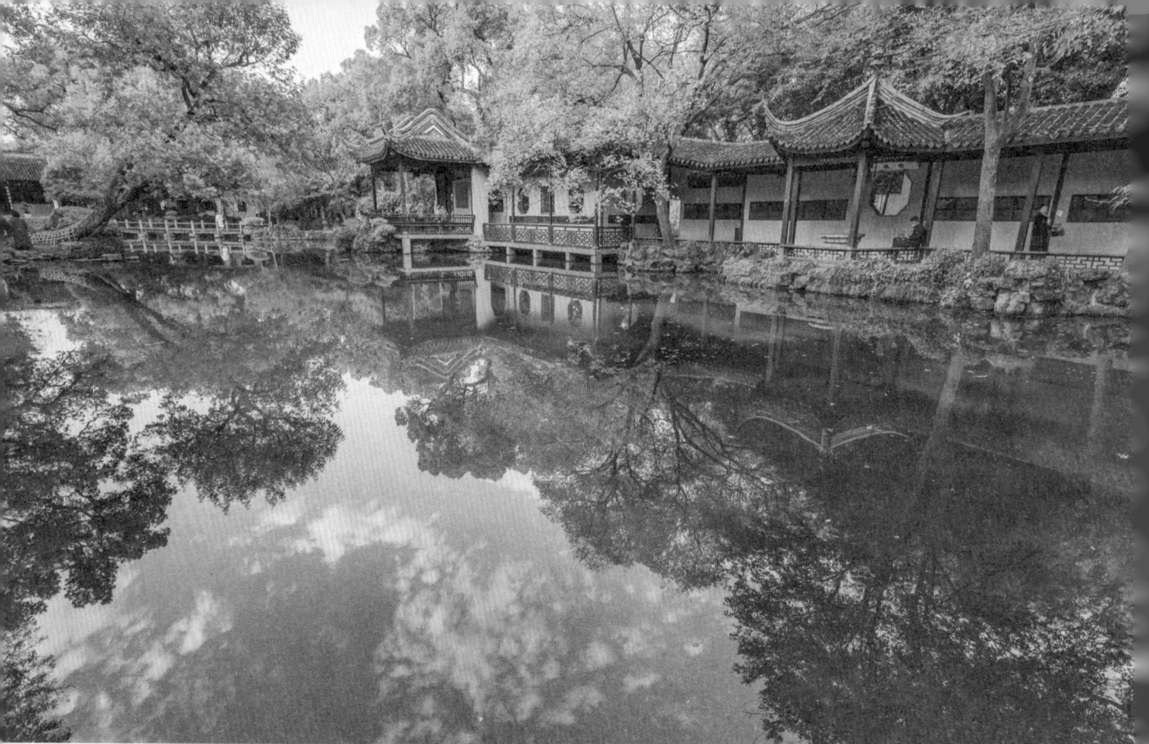

寄畅园景色

水沿惠山展开，时宽时窄。由于池周围山石、建筑、树木的点缀配置，勾勒出曲折窈窕的水面轮廓。池上架有七块花岗岩石板组成的七星桥，桥面贴水而过，池水轻拍，倒影如画。池西北角的山石上，刻有“八音涧”三字。这里以黄石叠砌成谷，惠山泉水迂回曲折而过，流水淙淙有声，如钟、磬等八种乐器齐鸣，故名八音涧。锦汇漪西岸的鹤步滩，是黄石砌筑的浅滩，湖水溢于滩旁，使假山、池塘融为一体，可谓匠心独运。池北岸的嘉树堂，是园内主体建筑。这里视野开阔，可见园外锡山顶上的龙光塔倒影湖中，构成一幅绝妙的画面，为江南园林借景之范例。东岸有涵碧亭、清响斋、知鱼槛、郁盘等一组连绵的亭廊，飞檐翘角，错落有致。东岸中部临水而建的知鱼槛，与西岸伸向池心的石矶鹤步滩相呼应，形成水面中心的对景。站在知鱼槛，近可凭栏观赏游鳞，远可眺望龙光塔，景观层次丰富，景色秀丽优美，堪称江南园林借景之典范。

寄畅园面积不足 15 亩，只有一山一水和零散的建筑物，然而，却通过巧妙的借景、精美的理水、凝练的建筑，使园中景观丰富多彩，变化有致，达到“虽由人作，宛自天开”的艺术境界。

（四）影园

影园位于扬州旧城西城墙外南湖中的长岛，是明代扬州园林的杰出代表。影园建成于崇祯七年（1634），由著名造园家计成主持设计与施工。园主郑元勋在《园冶》题词中所说“予卜筑城内，芦汀柳岸之间，仅广十笏，经无否（计成）略为区画，别具灵幽”，即指影园。

影园规模不大，面积仅5亩，但园址自然环境极佳。据郑元勋《影园自记》的描述，影园环境清旷，富有江南水乡野趣，“前后夹水，隔水蜀岗蜿蜒起伏，尽作山势，环四面柳万屯，荷千余顷，萑苇生之，水清而多鱼，渔棹往来不绝”。园林周围有很好的借景条件，蜀岗上隋炀帝的迷楼、欧阳修的平山堂，“皆在项臂，江南诸山，历历青来。地盖在柳影、水影、山影之间”，故命名为影园。

《影园自记》对园林布局亦有详细记载。园门东向，隔水即南城墙脚，夹岸遍植桃柳，俗称小桃源。入园门，“山径数折，松杉密布，高下垂荫，间以梅、杏、梨、栗。山穷，左荼蘼架，架外丛苇，渔罟所聚。右小涧，隔涧疏竹百十竿，护以短篱”。过虎皮石围墙，穿古木门，即到书屋，屋门上嵌有明代著名书法家董其昌题写的“影园”二字。门内转入窄径，穿柳堤，过小石桥，折而入玉勾草堂。草堂四面池水萦绕，池中种荷花，池外堤上植高柳。草堂门窗槛栏的形制不同常式，宽阔豁朗，远处水木苍翠秀色，皆可入映；四周的阎氏园、冯氏园、员氏园，尽在眼帘。由曲板桥穿过柳径，来到淡烟疏雨门。入门是由廊、室、阁构成的独立庭院，有室3楹，庭3楹，围以曲廊，乃园主人读书处。庭前设置奇石，高低散布，不落常格。室隅作两岩，岩上多植桂树，岩下植牡丹、垂丝海棠、玉兰、黄白大红宝珠山茶、磬口蜡梅等花木。由岩侧转入小门，临水建一亭，题“菰芦中”3字。亭外为桥，桥上建湄荣亭。亭后有两条小径，一入六方洞门，有室3楹，庭3楹，名为一字斋。庭院宽敞，护以紫栏，华而不艳。湄荣亭后山径之左通疏廊，登阶至媚幽阁。此阁三面临水，一面石壁，“若有万顷之势也，媚幽所以自托也”，故取李白“浩然媚幽独”的诗意命名。壁顶植2棵高大的松树，壁下为石涧，涧旁皆大石，池水穿涧而过，环境幽雅清静。

影园具有典型的江南园林特色。全园以水池为中心，建筑临水而建，亭台楼阁、山石花木皆适其宜，并通过借景手法，将园内园外景色融为和谐的整体，从而达到以少胜多，以简胜繁的审美效果。

（五）豫园

豫园，位于上海南市区安仁街，是江南园林艺术的瑰宝之一。始建于嘉靖三十八年（1559），至万历五年（1577）竣工。占地70余亩。园主潘允端曾任四川布政使，此园是他为奉养其父潘恩而建，取名豫园，有“豫悦老亲”之意。潘允端在《豫园记》中称：“余舍之西偏，旧有蔬圃数畦，嘉靖己未（嘉靖三十八年），下第春官，稍稍聚石，凿池、构亭、艺竹，垂二十年，屡作屡止，未有成绩。万历丁丑（万历五年，1577）解蜀藩绶归，一意充拓，地加辟者十五，池加凿者十七，每岁耕获，尽为营治之资，时奉老亲觞咏其间，而园渐称胜区矣。”至明末，豫园数易其主，历有兴废。

豫园主要建筑有乐寿堂、玉华堂、万花楼、仰山堂、卷雨楼等，园

上海豫园

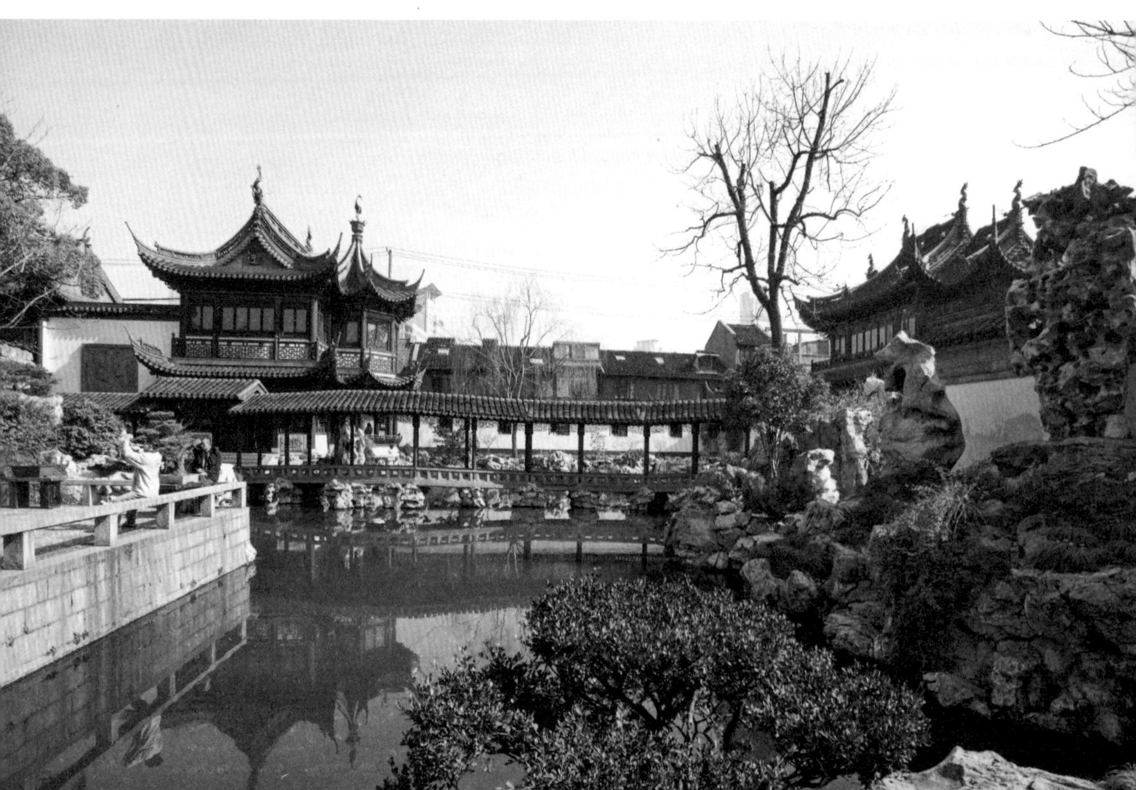

林布局虚实相映，曲折有法，再缀以水池溪流、奇峰异石、嘉树秀木，充分体现江南园林的造园特色。

进豫园大门，迎面是宏伟宽敞的大厅乐寿堂（清代重建后改称三穗堂）。堂前有宽阔的广场，石砌围栏，栏外为水池。堂北临池而建的两层水阁，下层的仰山堂曲栏回廊，别具特色；上层的卷雨楼则飞檐翘角，灵巧精致，富有变化。与乐寿堂隔池相望的南山，是用2000余吨武康石叠砌的大假山。山间有磴道、峭壁、瀑布、溪流，但见峰峦起伏，气势磅礴，犹如天造地设，巧夺天工，是著名叠山家张南阳的杰作。

沿水池东的曲廊北行，从鱼乐榭到万花楼一带，精巧的亭榭、幽深的溪涧、曲折的游廊、奇特的山石，使庭院的景象变化有致，耐人寻味。万花楼前有明代种植的银杏和玉兰，夏日满院浓荫，秋日黄绿相间，景色格外迷人。鱼乐榭曲槛临流，在此凭栏观鱼，可见绿水中人鱼共影，深得庄子的濠上之乐，真是奇妙无比。

从万花楼东行，是一组以建筑为主的庭院，由点春堂、打唱台、快楼、和熙堂、藏宝楼、听鹂亭、静宜轩、抱云岩及小池、山石组成。点春堂是豫园建筑之精华，为5间厅堂建筑，宏伟壮观，堂名取苏轼“翠点春妍”之词意。点春堂前的歌舞台，俗称打唱台，梁枋金碧辉煌，装饰精美，悬挂“凤舞鸾吟”的匾额。点春堂东面的快楼，是一座轻巧玲珑的两层楼阁，巍然耸立在两条深幽的山洞之上。快楼右侧是险峰突兀的抱云岩。点春堂南的和熙堂，是一座方厅，堂前有山石竹木，堂后临水，环境幽静。

点春堂庭院的南面，是玉玲球景区。玉华堂前的名石玉玲珑，相传为宋徽宗花石纲遗物。这块巨大的太湖石周身多孔，玲珑剔透，纹理宛转，具有“漏、透、瘦、皱”的特色，被列为江南三大名石之一。

豫园具有典型的江南古典园林特色。园内假山重峦叠嶂，洞壑幽谷处处峰回路转，别有情趣；亭台楼阁因地制宜，错落有致；花草树木郁郁葱葱，枝繁叶茂。

（六）秋霞圃

位于上海嘉定区嘉定镇的秋霞圃，是明代工部尚书龚弘的宅园。始建于正德至嘉靖年间（1506—1566）。明末几经辗转，至清雍正四年（1726）改建为城隍庙后园。

秋霞圃规模虽不大，景观却十分丰富。全园以狭长的大水池为中心，景点互相呼应，倒影于水中，形成一幅幅亭榭错落、山水相映的秀美画面。池北以建筑为主体。临水建有四面厅，名为山光潭影，厅前有月台，围以石栏。厅西耸立一座黄石假山，层峦叠嶂，悬崖峭壁，气势颇为雄伟。山上筑即山亭，登亭可眺望园内景色。假山下有归云洞，北面山石间藏有延绿轩，临水建朴水亭，横卧波上。池南为湖石大假山。此山以土带石，面积较大，中有山坳曲径，山上树木参天，给人以幽静潇洒之情趣。池西有一座鸳鸯小厅，名为丛桂轩，前间面南，院中植桂树，后间称竹石轩，院内多翠竹。丛桂轩旁的石舫，船头东临水池，船舱大如小厅，前舱称舟而不游轩，后舱称池上草堂。池东是三曲桥，过桥即到屏山堂。屏山堂与西岸的丛桂轩互为对景，别有一番情趣。

嘉定秋霞圃

第七章

>>>

其他建筑类型

第一节 城墙

>>>

城墙是防御敌人侵犯的建筑。御敌于国门之外，正是凭借高大的城墙来阻挡入侵之敌。中国古代的城市，从国都到省城以及府城、县城，都要用城墙围起来；举世闻名的万里长城，则是保护中国众多的城市，具有明显防御目的的一道坚不可摧的城墙。由此，产生中国古代独具特色的城墙建筑。英国建筑史家帕瑞克·纽金斯注意到中国古建筑的这一奇观，“这种体现官僚政治、隐私和防御的城墙系统，从大宇宙到小天地在不断地重复使用：国家有墙；每个城市有墙，而且有各自的护城神和护城河（城壕）；城内的每个住所一般是由院墙内的几幢建筑物组成的，以便于在习俗上家庭（扩大）成员增加时使用，很可能这个家会成为包括亲属在内的成百人的大家庭。‘墙’这个词实际上和‘城市’是同义语。”①

明代的城墙大都用砖石包砌，许多城市建高大城门楼，并在瓮城外建箭楼，沿用数千年的夯土城已基本被砖城取代。雄伟宏大的北京城墙，固若金汤的南京城墙，为世人瞩目。其他著名的城墙，如西安城墙、福建崇武城墙、山西平遥城墙、宁远卫城、广西桂林王城，都是明代修建的相当完善的城防设施。山东蓬莱水城，是明代一座典型的海防城堡。大规模修筑的明长城，则充分显示明代砖石建筑材料、结构和施工的辉煌成就。因此，“无论从施工角度还是从象征意义上讲，城墙都是中国建筑艺术独具的主要特色。”②

一、明长城

长城是中国古代巨大的防御建筑工程，也是世界建筑史的奇迹之一。据文献记载，长城始建于春秋战国时代。当时各国诸侯为了互相防御，于险要处修筑城墙。《左传》僖公四年（前657）“楚国方城以为城，汉水以为池”，开创了修筑长城的历史。此后，为防御北方匈权、东胡等族的骚扰，秦、赵、燕等国都在北部修筑高大的城墙。秦始皇统一中国后，为防御北方匈奴贵族南侵，派大将蒙恬督30万军民，将秦、赵、燕三国长城予以修缮，联贯为一，筑起了西起临洮（今甘肃岷县），北傍阴山，东至辽东的万里长城。现存长城是从秦汉以后，经历代加以修整，直到明代才完成的。

明王朝建立后，为防御北方蒙古族和东北女真族的侵扰，非常重视修筑长城的工程。洪武元年（1368），明太祖朱元璋派大将军徐达修筑北京居庸关等处的长城。洪武十四年（1381）又修筑山海关等处的长城。至万历年间（1573—1619），经过18次的大规模修筑，终于构成西

① ［英］帕瑞克·纽金斯《世界建筑艺术史》，安徽科学技术出版社，1990年版，第71页。

② 同上书，第70页。

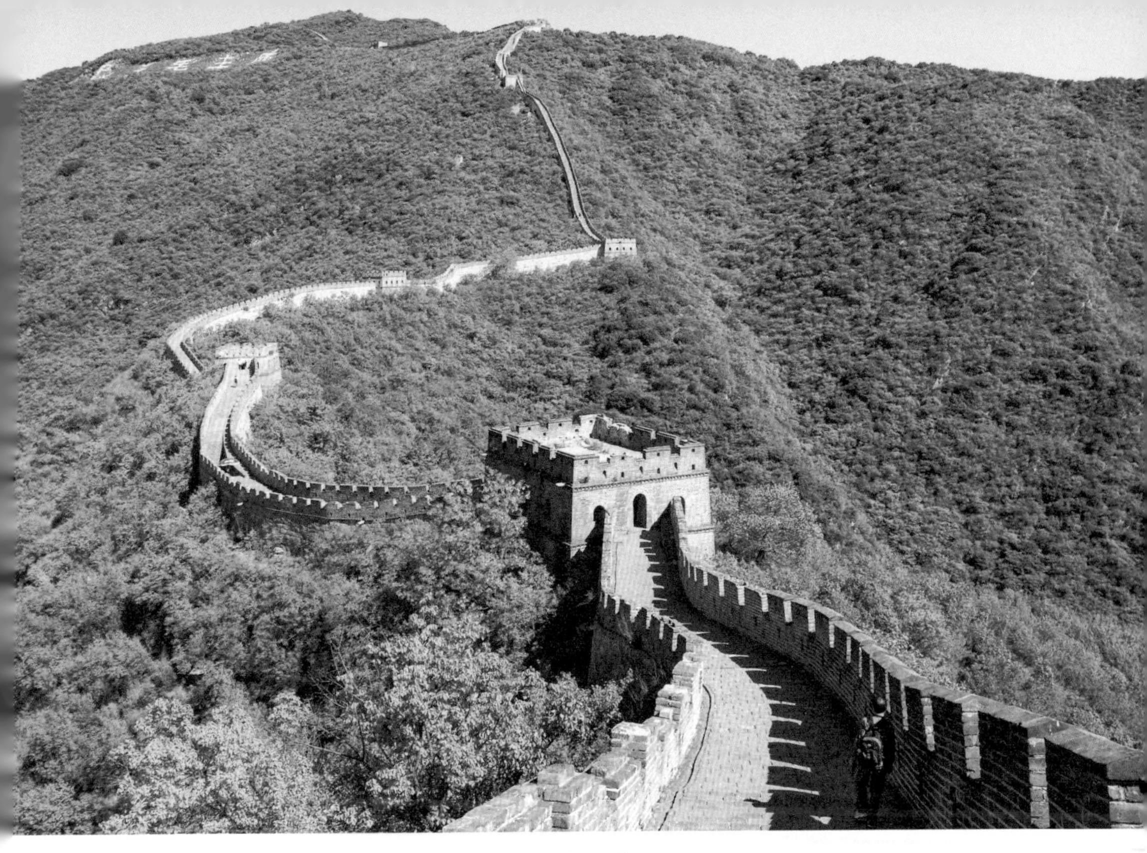

慕田峪长城

北京的慕田峪长城历史悠久，文化灿烂，享有“万里长城，慕田峪独秀”的美誉。慕田峪长城是徐达在北齐长城遗址上督建而成，是明朝万里长城的精华所在。此段长城东连古北口，西接居庸关，自古以来就是拱卫京畿的军事要处，有正关台、大角楼、鹰飞倒仰等著名景观，长城墙体保持完整，较好地体现了长城古韵。

起嘉峪关，经甘肃、宁夏、陕西、内蒙古、山西、河北、北京、天津、辽宁，抵达鸭绿江，全长约 14 700 里的长城。明代从山海关到鸭绿江用土石垒成的长城，毁坏已十分严重，嘉峪关到山海关一段，由于建筑得较坚固，至今保存完好。

长城的主体是城墙。历代长城，大多选择蜿蜒起伏的山脉，在其分水线上修筑城墙，并利用陡坡构成城墙的一部分。明长城的建筑材料和构造形式比前代有很大变化。明代或将原有土筑城墙部分改为砖石结构，或内筑夯土，外砌整齐条石和特大城砖，并用石灰砌缝，砌得整齐坚固。各地区按照不同的条件进行修筑，如依山劈凿的劈山墙，用柞木编排的木板墙，用红柳砂石隔层铺垒的混合墙以及冬季在黄河口筑起的冰墙。为巩固长城防务，明长城的重要关隘都筑有几重城墙，甚至多达20余重。如雁门关是由大同通往山西腹地的重要关口，筑有3道大石墙，25道小石墙。城墙一般高3～8米，顶宽4～6米。在城墙上每隔一定距离还建有一个突出墙外的敌台。这种骑墙敌台是明代名将戚继光发明的，上层供射击和瞭望用，下层可住守城士卒，储存武器。此外，还在长城南北修建众多的城堡和烽火台，用来瞭望敌情，传递警报。万里长城上1 000余座雄伟高大的关隘、敌台以及矗立在长城附近的烽火台，使建在崇山峻岭之中，沿着山脊蜿蜒起伏的长城，显得更加雄奇险峻。

为加强长城防务，调遣长城沿线兵力，明代把长城沿线分为9个军事重镇，各镇设总兵管辖。9镇驻地及管辖地段如下：辽东镇驻广宁（今辽宁沈阳），管辖南起凤凰城，西至山海关地段；蓟州镇驻三屯营（今天津蓟州区东），管辖东起山海关，西至居庸关地段；宣府镇驻宣府（今河北宣化），管辖东起居庸关，西至西洋河地段；大同镇驻山西大同，管辖东起镇口台，西至丫角山地段；太原镇驻山西偏头关，管辖保德黄河岸至黄榆岭地段；延绥镇驻陕西榆林，管辖东起清水营，西至花马池地段；宁夏镇驻宁夏（今宁夏银川），管辖东起大盐池，西至兰靖地段；固原镇驻宁夏固原，管辖东起陕西靖边与延绥镇相接，西达皋兰与甘肃镇相接的地段；甘肃镇驻甘州（今甘肃张掖），管辖东起兰州金城，西至嘉略关地段。长城9镇的险要地带都设有关隘，关隘是长城沿线的重要据点。两山之间的狭窄通道称隘口，在隘口筑城墙防守称关塞。明长城的著名关隘有几十座，其中保存较好的有山海关、古北口、居庸关、八达岭、嘉峪关等处。

山海关是万里长城东部的重要关隘，位于河北秦皇岛市东北15千米处。这里北依燕山，南临渤海，地势险要，是华北通往东北的咽喉要道，自古以来为军事要地。洪武十四年（1381）在此设立山海卫。次年，大将军徐达构筑关城，并修筑完整的城防体系，因位于山海之间，故名山海关。作为著名的军事要塞，山海关是以关城为中心，由七座

山海关

城堡、十大关口和一线长城组成的严密的防御建筑群。关城平面呈方形，周长约 4 千米。城墙高 14 米，宽 7 米，外包青砖，内有黄土掺和白灰夯筑，十分坚固。关城设 4 门，东门称镇东，西门称迎恩，南门称望洋，北门称威远。镇东门城楼筑于城台之上，高 13 米，宽 20 米，进深 11 米，重檐歇山顶。城楼东、南、北三面筑有 68 个箭窗，城楼上高悬“天下第一关”匾额，为明成化八年（1472）进士萧显所书，每字高达 1.6 米，苍劲有力。东西门外加筑瓮城和罗城，以加强防御。在城东南和西北的城壕设有水关，安置二重铁闸。在城外建南北翼城，用来驻兵和储存粮草。这样就形成关城与南北翼城互为犄角的城防体系。此外，在关城东面的欢喜岭建造用以屯兵的威远城，在关城南面的老龙头构筑海防卫城宁海城，与关城互相呼应；再加上附近长城上的南海关、南水关、北水关、旱门关、角山关、三道关、寺儿峪关等十大关口以及众多的敌楼、烽火台，构成山海关雄伟坚固的防御体系。

古北口在河北滦平县巴克什营，是万里长城的重要地段。洪武十一年（1378）在此建古北口城。明成祖朱棣迁都北京后，古北口成为北京的重要门户。为加强长城防务，隆庆四年（1570）由抗倭名将谭纶、戚继光督统军民，精心修筑长达30千米的古北口长城。墙体以巨大的条石为基，外包青砖，内筑夯土。城墙上筑有150余座敌楼，形制或扁或方，结构或单层或双层，均因地形、功用而异。每隔一段距离，还修筑一座较大的库房楼，用以屯兵和储粮。在东端最高峰筑望京楼，晴日登楼可眺望北京城。

居庸关与山海关、嘉峪关并称为“长城三大名关”，位于距北京西北50千米的燕山山脉。“居庸”一名始见于西汉刘安《淮南子》一书，称“天下九塞，居庸其一”。相传秦始皇修长城时，曾把一批庸徒（佣工）徙居于此，因而得名。北魏时，开始在此修筑长城，称纳款关。唐代名蓟门关，元代改称居庸关。据《四镇三关志》记载：“洪武元年（1368），大将军徐达建城跨两山，周一十三里，高四丈二尺。”居庸关所在的关沟，是一条长达10千米的峡谷，两侧山峦重叠，形势险要。关有南北两个外围关口，南面称南口，北面的名八达岭。关城的东西城墙建在两侧山上，南北城墙萦绕在两山之间。关城原有水陆两道关门，现仅存陆门关。关城中心原有元代建的三座藏传佛塔，元末明初被毁坏，只剩一座云台。明正统四年（1439）在台上建泰安寺，清康熙四十一年（1702）被焚毁，现仅存础石遗迹。居庸关是北京西北的重要门户，自古以来为兵家必争之地，明代曾在此设卫，常驻重兵防守。

八达岭在北京延庆区南部，距居庸关10千米。八达岭是居庸关的门户，南通南口、昌平、北京，北通延庆、永宁，西通沙城、宣化、张家口，可谓四通八达，故称八达岭。八达岭关城建于弘治十八年（1505），是现存明长城中保存最完整的地段之一。关城有东西二门，东门称居庸外镇，西门称北门锁钥。两门均为砖石结构，券洞上为平台，平台南北各开有豁口，东门平台与关城城墙相连，西门平台接引蜿蜒起伏的万里长城。八达岭长城沿山脊而筑，随山势曲折起伏，气势磅礴。城墙平均高7.8米，最高处达14米，墙基宽6.5米，顶宽5.8米，可容五马并骑，或十人并行。城墙修筑得十分坚固，下部用花岗岩条石垒砌，上部用大块城砖砌筑，内填泥土和石块，顶部用方砖铺砌。

墙内侧设1米高的宇墙（女儿墙），外侧筑2米高的齿形垛口，垛

八达岭长城

口上设瞭望孔和射击孔。墙面上设置排水沟和吐水嘴。城墙每隔不远建一座拱形门，有阶梯通到城墙顶上。每隔 300 ～ 500 米，筑有一座高出墙顶的方形城台，因其使用不同而分为墙台、战台和敌台。墙台台面与城墙台面同高，外砌垛口，内筑宇墙，上面有小屋，供士兵巡逻放哨暂避风雨之用。战台大多建在险要之处，分为三层：下层为高台，四面无门窗；中层为空室，用来储存武器和粮草，并辟有射孔；上层称楼橹，四面垛口供瞭望用。敌台是 2 层的建筑，下层以墙隔为数间，可供 10 余人驻守，上层设有射孔和瞭望口，并备有燃放烟火的设备。在八达岭长城附近，还设有传递军情的烽火台和土筑城墙，是关城的前哨防线。北门锁钥之北的岔道城，修筑于嘉靖十三年（1551），是八达岭守军的前哨指挥所。八达岭长城工程浩大，地势险要，有“一夫守关，万夫莫开”之势，历来为兵家必争之地。

嘉峪关在甘肃嘉峪关市西南隅嘉峪山麓，为明长城西端的终点。这里地势险要，北为连绵起伏的马鬃山，南有终年积雪的祁连山，南北群峰的中间是一条宽约 15 千米的平坦峡谷，峡谷中有座依山傍水的山岗，嘉略关就修建在山岗上。关城始建于洪武五年（1372），初为筑土城墙，后一度废弃。弘治八年（1495），兵备道员李端登重建关城，并在关城上悬挂“天下第一雄关”的匾额。正德二年（1507），建内城关楼，修西罗城。至此，嘉略关城形成一座由内城、瓮城、外城、楼阁、罗城、城壕及附属建筑构成的巍峨雄壮的建筑群。关城平面呈梯形，占地面积 3.35 万平方米，南北城墙各长 160 米，西城墙长 166 米，东城墙长 154 米，墙高 11.7 米。南北城墙外侧筑有低矮的土墙，构成罗城，东城墙外侧的土墙形成开阔广场。关城在东西城墙中央各辟一门，东为光化门，西为柔远门，两门上均矗立一座 17 米高的三层城楼，面阔 5 间，周围有廊，单檐歇山顶。两座城楼对峙，气势威武壮观。关城的四角筑有砖砌的角楼，高 2 层，形如城堡。南北城墙中段各建敌楼，三开间，带前廊。柔远门外加筑一道以石条卧底、内外包砖的高大城墙，称为罗城，城墙正中设一门，城楼的门额刻“嘉峪关”三个字。远远望去，嘉峪关墙垣蜿蜒，楼阁高耸，城堡林立，使这一天下雄关显得格外威严、坚不可摧。

绵延起伏于中国北方大部地区的万里长城，犹如一条腾空翱翔的巨龙，象征着中华民族的历史和文化精神。这项伟大的建筑工程，早已为世人瞩目。法国著名文艺批评家艾黎・福尔曾高度评价中国的万里长城。他说：“中国尤其懂得如何赋予实用性建筑物——桥梁、牌楼、筑有雉堞的城墙、盘山越岭护卫平原的万里长城——以这种气势。无论它显得轻盈还是沉重，它总是那般雄伟、那般坚定，如同雕塑的底座。正是在这一底座上，我们奠定了完成我们全部奋斗的坚定信念。”①

二、西安城墙

西安是一座历史悠久的古都。从公元前 11 世纪起，先后有西周、秦、西汉、隋、唐等 12 个王朝在西安地区建都。特别是雄伟壮丽的唐长安城，成为中国封建社会鼎盛时期的重要标志。唐末迁都洛阳后，长

---

①［法］艾黎・福尔《世界艺术史》，长江文艺出版社，1995 年版，第 234 页。

安失去国都地位，但仍为西北地区重镇。明洪武二年（1369），将元代的奉元路改称西安府。

明王朝建立后，明太祖朱元璋以为“天下山川，唯秦中号为险固”，于是将次子朱樉（shuǎng）册封秦王，镇守西安。在明初全国普遍的筑城高潮中，西安城在唐长安城基础上进行扩建。西安城墙、秦王府、钟鼓楼的兴建，标志着西安的城市建设在封建社会后期出现新的高峰。

西安正式筑城始于洪武三年（1370），完工于洪武十一年（1378）。据《陕西通志》记载：“洪武初，都督濮英增修，周四十里，高三丈。门四，东曰长乐，西曰安定，南曰永宁，北曰安远。四隅角楼四，敌楼九十八座。”此后，又进行多次较大规模的修缮，如隆庆二年（1568）

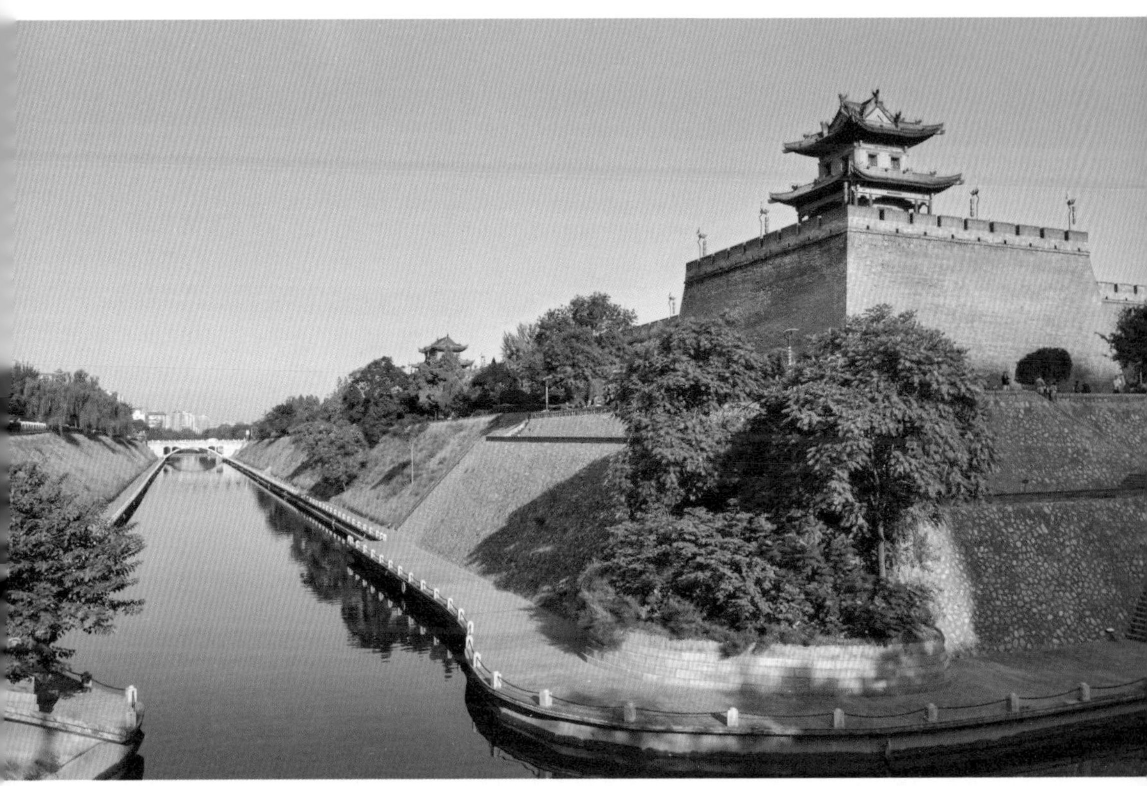

西安明城墙

西安明城墙是中国现存规模最大、保存最完整的古代城垣，城墙的厚度大于高度，稳固如山，墙顶可以跑车和操练。

巡抚张祉在城墙夯土外砌一层青砖，崇祯末年巡抚孙传庭增修四关城。

西安城墙以唐长安城的皇城城墙为基础，并沿唐皇城西墙向北伸延，沿唐皇城南墙向东伸延，新建北城墙和东城墙，平面呈长方形，东西长 4.25 千米，南北宽 2.75 千米，周长 14 千米。城墙高 12 米，顶宽 12 ～ 14 米，底宽 15 ～ 18 米，用黄土分层夯筑，最底层用黄土、石灰和糯米汁混合夯打，十分坚固。城墙四面各开一门，四门形制基本相同，门上筑城楼，楼前为瓮城，上筑箭楼。城楼高 33 米，面阔 7 间，歇山顶，重檐回廊，气势雄伟。箭楼为单檐建筑，分为 4 层，外侧开设 48 个箭窗。城墙内面建 6 处马道，供兵马登城用，外面每隔 120 米筑一座突出城外的敌台（俗称马面），台上有驻兵的敌楼。为加强防御，墙上修建垛口 5 984 个。环城有 20 米宽、10 米深的护城河，终年积水，与城墙共同构成完整的防御体系。

西安城墙是我国六大古都中保存最完整、规模最宏大的城墙，反映了明代城市建设和城防工程的杰出成就。

三、平遥城墙

山西中部的平遥县，明代属汾州府。平遥县城历史悠久，自周宣王时已用夯土筑城。据《平遥县志》记载：“旧城狭小，东西两面俱低，

山西省平遥古城城墙

周宣王时尹吉甫北伐猃狁（xiǎn yǔn，古代北方的少数民族），驻兵于此，筑西北二面。”

现存平遥县城墙，建于明洪武三年（1370）。城为方形，周长6.4千米，墙高12米，平均宽3.5米，内筑夯土，外部用砖砌筑。城墙东西各设2门，南北各设1门，6座城门上都建有高大的城楼，四角各筑6米多高的角楼。城墙上筑有敌楼94座，墙顶外侧筑有垛口3 000个。城内店铺沿街而立，住宅建于街巷之内，县衙、坛庙、寺观各依其位，布局有序。城东南隅重建于金代的文庙大成殿，体现宋、金时代的建筑风格。居于县城中心的市楼，是一座过街楼，以优美奇特的造型点缀着街景。城北有五代建的镇国寺，城东北有宋代建的慈相寺，城西南有北齐建的双林寺，均为著名的古建筑。

平遥城墙是我国现存完好、规模较大的一座县城城墙，为研究明代县城建置、居民住宅、商店布局、官府位置等城池建筑，提供了重要的实物资料。

四、蓬莱水城

明代，苏、浙、闽等省沿海地区经常遭到倭寇骚扰。为加强海防，在南起广东，北至辽东的沿海地区，修建大量城堡，著名的有山东的登

蓬莱水城

州（蓬莱）、威海卫、荣城，江苏的宝山、南汇、金山卫，浙江的镇海、台州等，尤以蓬莱水城最为典型。

蓬莱水城雄踞于山东蓬莱市北部海滨，西凭丹崖山，东为画河，南接县城，北濒大海，是一座背山控海、天险自成的军事要塞。北宋庆历二年（1042），为抵御北方的契丹人，在此设营扎寨，称为刀鱼寨。明洪武九年（1376），因倭寇侵扰，在刀鱼寨旧址改建水城，称备倭城。万历二十四年（1596），再次对水城进行增修，始具现在的形制和规模。

水城沿丹崖绝壁衔海向南筑成，南北呈长方形，周长 1.5 千米，城域面积约 25 万平方米。城墙高 7 米，宽 8 米，为土、石、砖混合结构。水城设南北二门，南为振扬门，又称土门，连接陆上的交通；北门为天桥口，又称水门，是战舰出入水城的海上咽喉，设有栅闸，遇敌情时放下闸门，切断海上通道。水门的东北和西北，设两座炮台，互为犄角，控制附近海面。

水城的建筑设施分为港湾工程与军事工程两部分。港湾工程以小海为中心，包括防波堤、平浪台、码头、灯楼等建筑。小海是位于水城正中的内海港湾，平面呈狭长形，面积约 7 万平方米。这里原是画河的入海口，明代修筑水城时，将画河改道，变为水城的护城河，对原来画河入海口疏通拓宽，修筑码头，用来驻扎水师，停泊舰船。水门内的平浪台，构筑得十分精巧，既可减缓海浪的冲击，又可充当水城的屏障。城北凌空屹立的灯楼，俯瞰着浩瀚的大海。军事工程由城墙、炮台、水闸、护城河组成，是一个完整严密的临海防御体系。祖籍登州的民族英雄戚继光继其父戚景通后，任登州卫指挥佥事，在水城内训练戚家军，巡戒海域。为表彰其功绩，嘉靖四十四年（1565）在水城南戚家祠堂建父子总督坊，至今犹存。

蓬莱水城形势险要，攻守兼备，是中国古代军事工程的重要实物例证。

五、宁远卫城

作为边防重镇的宁远卫城，是我国现存明代城中最完整的一座。明初在全国各地建造设防驻兵的卫，这里属辽东都司广宁卫前屯、中屯二卫地。宣德三年（1428），总兵巫凯、都御史包怀德督造了这座城池，建卫治名宁远。次年，增修外城。天启三年（1623），兵部佥事袁崇焕重修加固，以此抗击努尔哈赤的后金军队。

内城平面略呈正方形，用夯土垒筑，外墙包砖，内墙用石块镶砌，南北长825.5米，东西宽803.7米，高10.1米，底宽6.8米，上宽4.5米，上有雉堞，高峻坚固。内城设四门，东为春和门，西为永宁门，南为延辉门，北为威远门，门上有城楼，外筑瓮城。现仅存西门城楼与南门城楼，瓮城因影响交通已拆除。外城高如内城，辟东、西、南、北四门，分别为远安门、迎恩门、永清门、大定门。四门上建城楼，四角设台，城郭之间有深5米的护城河。城内街道是二条大街十字相交，各通向四座城门，街中心建钟鼓楼。登楼远眺，古城风光尽入眼帘。南大街原有2座石牌坊，本为明思宗朱由检表彰前锋总兵祖大寿兄弟而建，现存一座。

宁远卫城是山海关的前沿阵地，具有重要的防御作用。天启六年（1626），袁崇焕在此重创努尔哈赤，次年又击溃皇太极的围攻，取得宁远大捷。

第二节
无梁殿

>>>

以木材为主要建筑材料，采用梁柱式的木构架结构，是中国古代建筑的一个显著特征。拱券结构虽未成为古代建筑的主流，但不可忽视它在建筑史上的作用。唐宋以后，拱券结构在砖塔和桥梁中得到广泛运用。自元代起，开始用砖拱建造房屋，产生筒拱和穹隆顶等不同形式。有些城门为防御火攻，也由木构架改为砖砌筒券结构，如元至正十八年（1358）修筑的元大都和义门瓮城城门洞。这座城门洞用四层砖券砌筑，但四券中仅一个半券的券脚落在砖墩台上，没有用伏砖，说明当时起券技术尚未成熟。明代，随着砖结构砌筑技术的不断提高，砖产量的增加以及石灰浆的普及，出现了全部采用砖石拱券结构而外形仿木建筑的殿堂，因其内部没有梁架，故称无梁殿。无梁殿是明代建筑的一个创新。它的设计，虽然没有摆脱传统木构架结构的束缚，但有许多匠心独运之处，如殿堂的内部空间尽量与坡屋顶的外形相适应以减少多余的结构和体量；采用高跨小、券脚低的券洞，通过主券和副券间的排列组合来增加券体的稳定性。明代建造了许多雄伟、精美的无梁殿，如南京灵谷寺无梁殿、苏州开元寺无梁殿、太原永祚寺无梁殿、五台山显通寺无梁殿、北京天坛斋宫、北京皇史宬等。

一、灵谷寺无梁殿

灵谷寺位于江苏南京钟山东麓，原址在钟山南麓独龙阜。始建于南朝梁天监十三年（514），原名开善寺。唐代称宝公院，北宋大中祥符年间（1008—1016），改称太平兴国寺，明初改名蒋山寺。洪武十四年（1381），明太祖朱元璋为在独龙阜建皇陵，将蒋山寺及皇陵圈内的定林寺、宋熙寺、竹园寺、悟真庵等统迁于此，合并为一寺，赐名灵谷禅寺。灵谷寺规模宏大，占地面积33.3万平方米，主要建筑有金刚殿、天王殿、无量殿、五方殿、毗卢殿、观音阁、志公塔等。清咸丰三年（1853），灵谷寺毁于战火，唯无量殿巍然独存。

无量殿是灵谷寺的主要殿堂，因供奉无量寿佛而得名。整座殿堂，从殿基到屋顶，全用巨砖垒砌成券洞穹隆顶，无一根梁柱，故又称无梁殿。殿面阔5间，进深3间，重檐歇山顶，上覆琉璃瓦。屋脊做吻兽，正脊正中装饰3座琉璃藏传佛塔，中间的一座与殿内藻井贯通。殿平面为矩形，东西长53.8米，南北宽37.8米，高33米。殿内空间设计成3列筒券，中间筒券最大，横跨长11.25米，高14米；前后筒券较低，跨度各为5米，高7.4米，殿的外部是仿木建筑形式，檐下挑出斗拱，左右均砌有拱形窗。殿前为宽敞的露台，殿后有平坦的甬道。

灵谷寺无梁殿不仅是明代建造最早、规模最大的无梁殿，而且比山

灵谷寺无梁殿

西五台山显通寺、太原永祚寺、四川峨眉山万年寺等无梁殿的结构更为复杂。其造型雄伟，气势恢宏，堪称明代无梁殿的代表作。

二、皇史宬

皇史宬位于北京紫禁城东南，是中国现存最完整的皇家档案库，也是北京地区最具特色的无梁殿建筑。

早在秦、汉时期，我国已实行金匮石室的制度。《汉书·高帝纪下》记载，汉高帝刘邦“与功臣剖符作誓，丹书铁契，金匮石室，藏之宗庙”。嘉靖十三年（1534），明世宗朱厚熜仿古代金匮石室制，在北京建造皇史宬，嘉靖十五年（1536）竣工。隆庆二年（1568）曾进行修缮。明代皇室的大量重要档案，如历朝皇帝的宝训、实录、玉牒等皇家史册，明成祖时编撰的《永乐大典》副本，都在此珍藏。

皇史宬占地2 000多平方米，主要建筑有大门、正殿和东西配殿，外面围以朱墙，建筑爽朗开阔，布局严谨。皇史宬大门设在西墙，立额用满汉两种文字书“皇史宬”3字。正殿坐北朝南，建在2米高的台基上，面阔9间，庑殿顶，上覆黄琉璃筒瓦，屋脊的吻兽、仙人也

北京皇史宬

皇史宬是中国明清两代的皇家档案馆，又称表章库，整个建筑与装具设计完美，做工精良，功能齐全，华贵耐用，既能防火、防潮、防虫、防霉，又冬暖夏凉，极宜保存档案文献。

都用黄琉璃砖烧制。在阳光的照耀下，整座大殿金光灿烂，颇具皇家气派。出于防火、防潮、防蛀的需要，正殿采用砖石结构，殿内无梁柱，顶部为拱券式，就连额枋、斗拱、门窗也都用洁白的汉白玉雕成，故称石室。正殿平面为长方形，东西长 42 米，南北宽 10 米，墙身砌以灰色磨砖，厚达 5 米。殿正面开五个券门，门设两重，外层为石门，内层为朱红隔扇门。南北墙有两面对开的石窗，以便空气对流。殿内筑 1.42 米高的汉白玉须弥座，雕饰海水游龙图案，上置贮藏档案的 152 个鎏金铜皮樟木柜，即金匮。柜高 1.31 米，宽 1.34 米，厚 0.71 米。正殿台基四周设有滴水龙头，围以汉白玉栏杆，柱头上浮雕翔凤盘龙。台基南面有八级垂带踏垛，中间为石雕双龙戏珠丹陛。东西配殿是仿无梁殿外形建造的木结构建筑，面阔 5 间，进深 3 间，正面开门。

皇史宬是一座集艺术性、科学性、实用性为一体的精美建筑，它台高、墙厚、通风、恒温、防火、防潮、防虫，使明、清两代皇室的大量重要档案得到完好保存。这座具有皇家级别的无梁殿建筑，为研究我国金匮石室制度提供典型的实例。

三、开元寺无梁殿

开元寺位于江苏苏州盘门内东大街。始建于三国东吴赤乌年间（238—250），初为吴大帝孙权为其乳娘在城北建造的报恩寺；唐开元二十六年（738），改称开元寺；五代后唐同光三年（925），吴越王钱镠迁寺于现址。

无梁殿，原名藏经阁，始建于明万历四十六年（1618），是一座纯用磨砖缝砌筑的券筒式结构殿堂。殿为楼阁式建筑，上下两层，面阔 7 间，重檐歇山顶。平面为长方形，长 20.9 米，宽 11.2 米，高 18 米。殿内空间为券筒式结构，门窗、柱枋、斗拱、殿檐、栏杆等均为花岗石和磨细砖砌成，稳重中呈玲珑之状。楼层正中有精美华丽的八角形砖构藻井，四壁镶嵌明代石刻的《梵纲经》《华严经》。殿身外墙面，上下各设 5 座拱门，有仿木构半圆砖倚柱各 6 根，下置石雕须弥座，转角用垂莲柱，枋上置砖制斗拱，二层腰檐上的平座栏杆，砖雕精细，图案典雅，有海棠、卷叶、荷花净瓶、扎花等多种题材。殿顶、腰檐分别覆盖绿、黄色琉璃瓦，与殿堂的青砖墙面组成和谐的色调。正脊装饰琉璃游龙，戗角雕塑四大天王立像，造型精美，形象生动。清咸丰十年（1860），开元寺毁于兵火，唯无梁殿屹立于废墟之中，全仗其“纯垒细砖，不假寸木”的建筑结构。

开元寺无梁殿规模虽然不大，但结构精巧，在庄重中显示玲珑秀丽之姿，而且是罕见的双层建筑，标志着苏州建筑艺术在明代已达到炉火纯青的地步。

第三节
楼　阁

>>>

楼阁是两层以上的建筑物。最初，楼与阁有区别，楼指叠而为重层的房屋，主要用于居住；阁指下部架空、底层高悬的建筑，主要用于储藏、观景或供奉佛像。后世楼阁无严格区别，常连用。计成《园冶》有“山楼凭远，纵目皆然”之说。当人们登上高耸山巅、濒临江边、隐藏园内、屹立城镇的楼阁极目远眺，怎能不产生“仰观宇宙之大，俯察品类之盛”的审美感受？著名的江南四大名楼，即岳阳楼、黄鹤楼、太白楼、多景楼，曾吸引多少文人墨客登高赏景，吟诗作赋。明代的楼阁形式多种多样，有设在园林中俯览全园景色的，如拙政园见山楼；有高耸凌空，起点缀风景作用的，如镇海楼；有奉祀神像仙人的，如真武阁；有贮藏图书典籍的，如天一阁。明代楼阁在技术上克服了宋代叠圈式楼阁柱身稳定性差的弱点，采用框架式的楼阁结构形式。这种楼阁构架，采用柱、梁、枋直接榫接的方法，将各层木柱相续成为一贯到顶的通柱，与梁枋交搭成整体框架，从而提高了楼阁的整体稳定性。这标志着楼阁建筑结构的进步。

一、光岳楼

光岳楼在山东聊城市故城中央。始建于洪武七年（1374）。当时，东昌卫守御指挥佥事陈镛在重修聊城城墙时，为“严更漏，窥敌望远”，便利用剩余的材料建造此楼，故初名余木楼。弘治九年（1496），考功员外郎李赞登楼赏景，取其近鲁（曲阜）有光于岱岳（泰山）之意，改称光岳楼。

光岳楼由楼基和四层主楼组成。楼基是砖石砌成的方形高台，高 9 米，底边长 35.16 米，往上逐渐收分。楼基四面各辟半圆形拱门，内为宽阔的楼洞，供行人车马通行。各门有石刻题额，东门为太平，西门为

光岳楼

兴礼，南门为文明，北门为武定。楼阁为明四（层）暗三（层）的木构建筑，通高 33 米，歇山十字脊顶。底层和二层均面阔 5 间，进深 5 间，用内外双槽柱，外有围廊；三层为暗层，外观为五开间五进深；四层面阔 3 间，进深 3 间。整座楼阁飞檐翘然，斗拱宏大，梁柱粗壮，显得巍峨壮观，气势非凡。

光岳楼是现存明代楼阁中建造最早、规模最大的一座。它在建筑形式上仍保留宋元楼阁朴实、雄壮的风格，是宋、元建筑向明、清建筑过渡时期的代表作之一。

二、镇海楼

镇海楼，又名望海楼，耸立在广东广州越秀山顶。洪武十三年（1380），永嘉侯朱亮祖扩建广州城时，在北城垣最高处建造此楼。因广州濒临南海，为抗击倭寇侵扰，加强海上防卫，取“雄镇海疆”之意，称为镇海楼。

镇海楼为5层木构楼阁建筑，通高28米，阔31米，深16米，朱墙绿瓦，飞檐重叠，雄伟壮观。楼顶及每层楼檐的东、西两边都装饰琉璃鳌鱼，色彩斑斓，形态生动。数百年来，镇海楼历经沧桑变幻，曾多次毁坏与重修，1928年重修时改为钢筋水泥结构。

登楼远眺，全城景色历历在目。晴空万里时，可见南海水天，素有“岭南第一楼”之称。文人墨客前来登临览胜，赋诗抒怀者甚多，如清初诗人屈大均赞美道：“是楼巍然五重，下亲朝台，高临雁翅，实可壮三城之观瞻，而奠五岭之堂奥者也……自海上望之，恍如蚊蜃之气，白云含吐，若有若无。晴则为玉山之冠，雨则为昆仑之般，横波涛而不

越秀镇海楼

流，出青冥以独立，其玮丽雄特，虽黄鹤岳阳莫能过之。”

三、烟雨楼

烟雨楼在浙江嘉兴市南湖湖心岛。南湖原是大海的一部分，由于泥沙淤积，与大海隔开，海水淡化后成为潟湖。五代时（940年前后），吴节度使广陵郡王钱元璙在南湖湖滨筑楼，作为登高远眺之所，并以唐杜牧“南朝四百八十寺，多少楼台烟雨中”的诗意，命名为烟雨楼。

烟雨楼在元末毁于兵火。明嘉靖二十七年（1548），嘉兴知府赵瀛征民夫修浚城河，运土填南湖之中，堆积成湖心岛。次年，在岛上仿旧制重建烟雨楼。万历十年（1582），嘉兴知府龚勉在楼南修筑钓鳌矶，楼北开凿放生池，并堆砌山石，广植花木，成为以楼为主的园林胜景。

烟雨楼为二层木构楼阁建筑，重檐歇山顶，四面回廊环抱，十分壮观雅致。楼北的后院中假山耸峙，如伏虎、吼狮、驯象，千姿百态，形

嘉兴南湖烟雨楼

态生动。院外建有鉴亭、宝梅亭、凝碧阁等各式亭轩，用以衬托主体建筑烟雨楼。

烟雨楼四周临水，晨烟暮雨，景色各异。清乾隆皇帝曾6次驻跸于此，流连忘返，后在承德避暑山庄仿建一座烟雨楼。

四、天一阁

天一阁在浙江宁波市月湖西边，原为明兵部右侍郎范钦的私家藏书楼。范钦，字尧卿，号东明，鄞县（今浙江宁波鄞州区）人，嘉靖十一年（1532）进士。范钦为人耿直，曾因秉公执法得罪权臣严世蕃。嘉靖四十年（1561）辞官归里后，建造天一阁。据《鄞县志》记载：范钦“性喜藏书，起天一阁，购海内异本，列为四部。尤善收说经诸书及先辈诗人集未传世者。浙东藏书家，以天一阁为第一，有功文献甚大。”

天一阁为砖木结构两层楼阁，重檐硬山顶。底层分作6间，二层

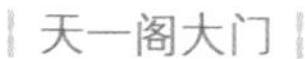

天一阁大门

除楼梯间外，为一大通间。底层供阅览和收藏石刻用，二层按经、史、子、集分类列柜藏书。书柜两面开门，可前后取书，以便透风防霉。楼阁的南北两面开窗，以利空气流通。楼前开凿一方水池，取名天一池，用于消防。范钦根据《易经》中“天一生水，地六成之”的说法，将楼阁如此构建并取名天一阁，意在以水克火，以寄托藏书楼免遭火灾的愿望。清初，范钦的后代在池边叠石为山，环植竹木，筑成一处泉石园林，别有一番情趣。假山按“福”“禄”“寿”字形，分为三个单元结构，其中可看出九狮一象，全在似与不似之间，并无雕琢之态。楼前庭院占地仅半亩，然而山重水复，石径回逶，池边依墙立一半亭，池中小桥穿越林石之间，其淡雅的庭园韵致与素洁的楼阁建筑融为一体，十分和谐。

天一阁的消防措施周密而严谨。楼前凿池蓄水，池水经暗沟与月湖相通，如遇火灾可引水灭火；书楼远离住宅，不许家眷居住，不许明火入内，消除火灾隐患；书楼四周用高墙深院与民房隔开，消除火害威胁。由于采取一系列严格的防范措施，才使天一阁免遭火灾，保存至今。

天一阁是我国现存历史最久远、珍藏古籍最丰富的藏书楼。清代为珍藏《四库全书》在全国建造的7座藏书楼，即北京紫禁城文渊阁、沈阳故宫文溯阁、北京圆明园文源阁、承德避暑山庄文津阁、扬州大观堂文汇阁、镇江金山寺文宗阁、杭州孤山文澜阁，均仿照天一阁制式而设计。

五、真武阁

真武阁位于广西容县古经略台上，是一座被历代誉为“天南杰构”的著名楼阁。据史籍载，唐大历三年（768），诗人元结任容管经略使时，为操练军士，朝会习仪和观赏风景，在此建台。台长50米，宽15米，高4米，中间夯土，四周砌筑砖石，十分坚固。明洪武十年（1377）在台上建道观，奉祀真武大帝。万历元年（1573），当地乡绅再次对经略台加以扩建，并建成3层高的楼阁，以奉仙人，取名真武阁。

真武阁

真武阁巍然屹立在清澈秀丽的绣江岸边，面对奇峰参天的都峤山，雄伟壮观，气势非凡。阁高13.2米，面宽13.8米，进深11.2米。全阁用3 000余件坚硬的铁黎木构件，以杠杆原理结构，密切串联吻合，相互制约，彼此扶持，合理而协调地组成一个完整坚固的结构体系。来到阁前，只见白石墩上挺立着20根巨柱，其中12根支撑几百吨重的楼体，8根直通楼顶。由于阁周围无墙，楼底与庭院相通，使底层显得宽敞明亮。最奇妙的是二楼正中的4根金柱，虽然承受着上层楼板、梁架、配柱和屋瓦、脊饰的沉重负荷，柱脚却离楼板面3厘米，成为天下无双垂直而吊的悬空柱。这是真武阁结构中最奇特、最精巧之处。其承载方法是：在悬空柱上用18根枋子（拱板）分上下两层穿过檐柱，组成两组严密的杠杆式斗拱，拱头前托外面宽阔的飞檐脊瓦，拱尾后挑4根悬柱所承受的楼顶重量。就这样，以檐柱为支点挑起内外重量，取得平衡。二楼是半封闭的厅堂，设置图案花窗。三楼檐柱斗拱，托住阁顶。阁为琉璃歇山顶，金脊碧瓦，飞檐凌空，显得古色古香，华丽大方。

真武阁从主要梁架到斗拱细部，都像头顶大缸，脚踩钢丝表演的杂技演员，十分惊险吓人，但它却具有高度的稳定性。这座雄伟壮丽的建筑，400 多年来经受多次风暴和地震考验，却安然无恙，成为明代建筑的代表作之一。

六、甲秀楼

甲秀楼位于贵州贵阳市南明河。明万历二十五年（1597），贵州巡抚江东之在南明河架石筑堤，联结南岸，并在兀立于河中的巨石鳌头矶上建楼，取名甲秀楼，以期人才辈出，科甲挺秀。天启元年（1621）楼被焚毁，总督朱爕元重建后改称来凤阁。清康熙二十八年（1689）重建时恢复原名。

甲秀楼是一座 3 层木结构阁楼，通高 22 米，三重屋檐，四角攒尖顶。底层为琉璃筒瓦屋面，高 3.6 米，四周檐柱与内槽之间，形成一个宽 1.6 米的开敞回廊，由 12 根石柱承托楼檐，四周有白色雕空石柱围护，画甍飞檐，耸然挺立。二、三层平面边长均有收缩，二层收进约 2 米，三层再收进约 1.5 米。楼的出檐用挑，不施斗拱，四个翼角用子角

甲秀楼

梁起翘，曲线十分优美，为明代西南地区楼阁的传统手法。楼前河水回流，汇为涵碧潭。楼侧有浮玉桥横卧河上，桥上是小巧玲珑的涵碧亭。楼台碧潭，交相辉映，构成一幅秀丽的画面。

第四节
衬托性建筑

>>>

以群体取胜的中国古代建筑，不仅包括殿堂廊屋、亭台楼阁等主体性建筑，而且还包括牌坊、影壁、华表、石狮等衬托性建筑。这些体量小巧、造型精美的建筑，往往设置在宫殿、寺庙、陵墓等建筑群体的前端，用来衬托主体建筑的形象，或造成某种气氛，或象征某种精神，或寄托某种寓意，给人以强烈的艺术感染力。在明代建筑雕塑史上，衬托性建筑占有不可忽视的地位，并取得杰出的艺术成就。

一、牌坊

牌坊，又称牌楼，是中国古代一种门洞式纪念性建筑物，牌坊是由坊门演变而来。古代城市的街坊，均设有供出入用的坊门，又称为闾。中国古代有表闾的制度，即将各种功臣的德政功绩刻于石上，安置在里坊之门，予以表彰，如功德牌坊、贞节牌坊等。作为一种衬托性建筑，牌坊跨街而立，或倚门而望，或面对雄伟壮观的寺庙、陵墓和宫殿，与其他建筑物组成富有民族特色的建筑艺术整体。

明代以后，牌坊大多筑在宫殿、陵墓、坛庙、衙署、祠堂、园林的引导部分，以造成一种特殊的气氛。大高玄殿前的 3 座木牌楼和两侧的习礼亭构成一组道教仪制性建筑，与紫禁城的角楼相互辉映。明十三陵入口处的石牌坊，更是一座成功的衬托性建筑。石坊有 5 间门洞，重檐

歙县牌坊群

该牌坊群位于安徽省歙县郑村镇棠樾村东大道上，为明清时期古徽州建筑艺术的代表作。棠樾的七连座牌坊群，不仅体现了徽文化程朱理学忠、孝、节、义伦理道德的概貌，也包括了内涵极为丰富的“以人为本”的人文历史，同时亦是徽商纵横商界三百余年的重要见证。

巨石，装有琉璃瓦顶，雕刻精美细致，造型雄伟庄重，成为陵区入口处的重要标志。北海大石桥的金鳌、玉蛛牌楼，作为桥梁的建筑艺术装饰，使桥梁更加雄伟壮观。天坛、地坛、社稷坛内，都有多道精致的牌楼。如天坛圜丘坛的每面有 3 列牌楼，更增添壮观的气势。

明代统治者常以立坊来嘉奖有功的文臣武将，最为典型的是许国石坊和李成梁石坊。

矗立在安徽歙县城中心大街上的许国石坊，是全国罕见的明代牌坊精品。许国（1527—1596），字维桢，号颍阳，歙县人。嘉靖四十四年（1565）进士，历仕嘉靖、隆庆、万历三朝。万历十二年（1584），因功封武英殿大学上，晋少保，并建坊旌表。石坊造型独特，设有沿袭传统的“一”字形布局，而以两大两小四坊联立成为“口”字形，四面八根粗壮石柱直指云天，犹如八只硕大无朋的石脚，故有“八脚牌坊”之称。石坊正面为南北向，是前后两座三间四柱三楼，长达 11.54 米的大牌坊；东西是联结大牌坊边柱而成的两座单间双柱三楼的小牌坊，宽 6.77 米，石坊为仿木结构，通体采用坚硬的青石砌成，柱端、额枋等处雕刻着精美的云纹和珍禽异兽图案，造型生动，栩栩如生。特别是雄踞于柱础外向台基上的 12 只雄狮，或昂首怒吼，或左顾右盼，形态生动，威猛传神，不愧为古代牌坊倚柱石狮中的艺术珍品。这座雄伟高大的八柱四面三间三楼石坊，在国内牌坊中属罕见实例。

李成梁石坊在辽宁北镇市城内。李成梁（1526—1615），字汝契，铁岭卫（今辽宁铁岭）人，世袭铁岭卫指挥佥事。他镇抚辽东 20 余年，多次打败蒙古族、女真族的侵扰，师出必捷，威震边镇。万历八年（1580），明神宗朱翊钧为表彰李成梁的功勋，特命辽东巡抚周咏为他建造一座石坊。石坊用紫色花岗岩雕造，为三间四柱五楼式，宽 13 米，高 9 米，气势宏大，被当地人称为“三步五座庙”。石坊仿木构牌楼，楼顶、斗拱、挂落、隔扇等雕刻精细，柱头和每间的两个大额枋上浮雕二龙戏珠，并饰有鲤鱼跳龙门、花卉人物、山水云气等图案。中柱柱角前后各有一只石狮，造型生动活泼。明间檐下的竖匾刻“世爵”二字，横额上刻有“天朝诰券”及“镇守辽东总兵官兼太子太保宁远伯李成梁”等匾额。

二、影壁

影壁又称照壁，是设在建筑物前或大门内的一道墙壁，其作用是遮

挡外人的视线，避免他人向里面窥视。这种特殊的建筑类型，在宫殿、衙署、寺庙、府第等建筑中得到普遍运用。寺庙、殿宇前的影壁，一般规模较大，下有须弥座，上有瓦檐，壁身雕花，庄严华丽，如山西五台山普化寺和龙泉寺影壁。民居影壁比较矮小，装饰淡雅素洁，多筑于外门里侧数步处，起屏障作用，如北京四合院影壁。

影壁大多为砖砌土垒，亦有用石料雕成者，显得尤为珍贵。位于北京北海北岸澄观堂前的铁影壁，因用一块中性火成岩雕成，其颜色和质地似铁而得名。湖北襄樊市襄阳城内的绿影壁，是明襄王朱瞻墡王府前的影壁，因用青绿色石料雕制而得名。襄王府建于正统元年（1436），崇祯十四年（1614）圮毁，现仅存门前的影壁。影壁全长 24.935 米，分为三堵，中堵长 12.135 米，高 7 米，东西堵各长 6.4 米，比中堵低一个屋檐。壁顶为仿木结构的庑殿式，施斗拱、飞檐、额枋，如同殿堂木构。中堵壁面雕饰二龙戏珠，东西堵各雕蛟龙出水，四周边框精雕数十条姿态各异、栩栩如生的小龙。壁座采用须弥座，带立柱、莲瓣。整座影壁雕刻精细，造型雄伟华丽，实为不可多得的明代雕刻艺术珍品。

宫殿、府第前常用琉璃影壁，尤以九龙壁最为尊贵。九龙壁是装饰最华丽、最隆重的影壁。底座为须弥座，壁顶覆以琉璃瓦，壁面饰有砖雕、泥塑或镶嵌所绘制的九条龙形象，其中用彩色琉璃砖镶的最为绚丽。明代琉璃影壁中，最具特色的是山西大同九龙壁。大同九龙壁建于洪武二十四年（1391），相传为代王朱桂府前的影壁，是明代建

大同九龙壁

大同九龙壁，龙的间隙由山石、水草图案填充，互相映照、烘托。壁顶覆盖琉璃瓦，顶下由琉璃斗拱支撑。壁底为须弥座，敦实富丽，上雕 41 组二龙戏珠图案。腰部由 75 块琉璃砖组成浮雕，有牛、马、羊、狗、鹿、兔等多种动物形象，生动活泼，多彩多姿。

造最早、壁体最大的一座琉璃龙壁。崇祯末年，代王府毁于兵火，唯九龙壁尚存。壁长45.5米，高8米，厚2.02米，用426块特制五彩琉璃构件拼砌而成，色彩鲜艳夺目。壁下部为一高大的须弥座，由蓝、绿色琉璃瓦砖砌筑，上束部雕镌41组二龙戏珠图案，束腰部精雕狮、虎、象、麒麟、飞马等动物形象，形态逼真，栩栩如生。壁顶采用仿木构庑殿顶，正脊脊筒两侧布满游龙和莲花装饰，两端是龙吻，戗兽为龙首造型。壁身用蓝、黄、赭、紫、白、绿等色琉璃组成九条巨龙，团龙居中，升龙降龙飞舞奔腾于汹涌的云山海浪之中，神情矫健，姿态各异。九条蟠龙的造型优美精致，特别是龙身盘曲自然，生动活泼，充分显示了蟠龙翻腾于波涛云海间的神态与气势。壁前有倒影池，池水清澈见底，壁龙倒映池中，九龙随波飘动，有巧夺天工之妙。

三、华表

华表是宫殿、坛庙、桥梁、城垣、陵墓等重要建筑物的标志。相传尧舜时在通衢要道竖立木牌，让人在上面写谏言。据《淮南子》载："舜立诽谤之木"。谤木，即"书其善恶于华表木也"。意为百姓对帝王的批评建议可写在华表上。此后，华表演变为雕刻精致的石柱，成为建筑物的装饰品。如南朝的萧景墓和唐代的献陵，都有精美的华表装饰；北宋张择端的《清明上河图》中，也绘有华表。

明代的华表由柱头、柱身和基座组成。华表柱头上的圆形石板，称为承露盘，由上下两层仰伏莲瓣组成，中间隔以一道小珠，上面立着石兽。明代，华表柱顶的石兽是一种形状似犬的神兽，称为犼，如紫禁城承天门前后华表顶部装饰的望天犼。华表的柱身大多为八角龙柱形，上面雕刻蟠龙云纹等图案。在蓝天白云的衬托下，缠绕在浑圆挺拔石柱上的蟠龙，如同遨游在太空云海之中，昂首张须，气势非凡。华表的基座一般为须弥座，上面布满龙纹雕饰和仰伏莲瓣，四周围以雕石栏杆。华表常建于门之两侧、亭之四周或桥之两端。紫禁城承天门前后的华表和十三陵神道前碑亭四角的华表，是明代华表中最负盛名的作品。

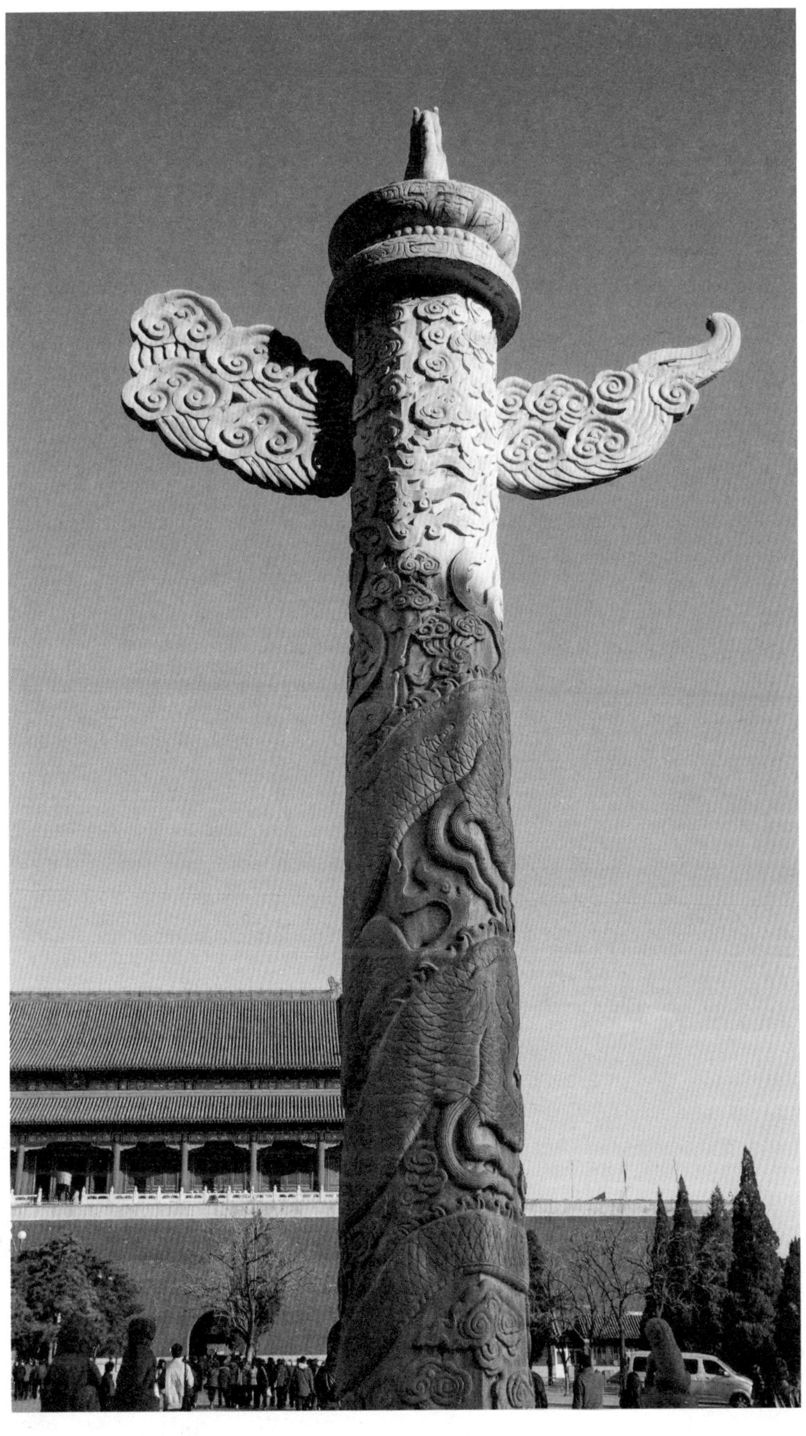

华 表

四、石狮

石狮是一种小型建筑装饰物，常常安放在宫殿、府第、衙署、寺庙门前及桥头、陵墓神道等处，或作为权力与威严的象征，或作为镇凶辟邪的吉祥物。石狮起源于汉代。东汉章帝章和元年（87 年），安息国王进献狮子。从此，狮子进入中国。东汉时，开始出现石狮造型，如四川雅安市高颐墓前的石狮和山东嘉祥县武氏祠前的石狮。南北朝时，由于佛教对狮子的推崇，在人们心目中，狮子成为高贵的灵兽，被雕刻成各种各样的形象。石狮一般皆成双成对，置于石制基座上，前腿直立，后腿弯曲作蹲坐姿势，头部雕有弯曲回旋的鬃毛，嘴含或脚踩石刻圆球，亦有大狮身上刻小狮者，作母子嬉戏状。

明代是石狮艺术发展的高峰时期。明代建筑中保留下来的石狮数不胜数，许多宫殿、府第、寺院、衙署，甚至普通住宅，都用石狮守门，以壮威观；就连门楣、檐角、栏杆等建筑部位，也雕刻姿态各异的石狮，使之成为古建筑上不可缺少的装饰物。

明代石狮造型已出现艺术程式化，其显著特征是端庄、敦厚，整

体比例匀称，具有较强的装饰性。紫禁城承天门前的两对汉白玉大石狮，身披璎珞彩带，双目圆睁，微微歪头，一副威武勇猛的样子。左边的雄狮用爪戏弄绣球，右边的雌狮抚摸着仰脸玩耍的乳狮，百兽之王显示出和蔼可亲的神态。这种具有人情味的世俗化造型，堪称明代石狮的典范。明初帝王陵墓的石狮，仍不失唐、宋石狮的豪迈雄风。如明孝陵的两对石狮，体积丰硕，装饰简练，形态逼真，有较强的艺术感染力；明祖陵的6对石狮，形制严谨，雕刻精致，生动自然，显示了明初石刻艺人的浪漫色彩和艺术创造力。然而，明十三陵的石狮造型则出现程式化倾向，尽管用材讲究，制作精细，却显得形象呆滞，温良驯服，缺乏内在的神韵和豪迈的气势。石狮造型的程式化在明代佛教雕塑中表现得更加明显。佛教造像中的石狮，诸如文殊菩萨的乘骑狮、寺庙门口的守护狮、寺塔经幢的护法狮及寺庙建筑的装饰狮，均形成一套固定的程式。如山西五台山的文殊骑狮，大都雕刻得雄健而威猛，与文殊菩萨的娴静气度形成鲜明对比，用以宣扬佛法的崇高伟大。宫殿、府第、衙署、寺庙门前的镇守石狮，造型大都千篇一律，缺乏艺术的创新。

天安门石狮子

承天门一般指天安门，门口这两座石狮子位于北京天安门金水桥前后，铸于明成化年间。左雄右雌，雕刻得极为精美，威武雄健，栩栩如生。

第八章

>>>

著名建筑师及著作

8

第一节
著名建筑师

>>>

高尔基在谈到人类艺术的发展时说："在伊特拉斯坎人的瓷瓶，在古老的金饰品、武器和雕刻，在埃及、希腊、墨西哥、秘鲁、印度和中国的古寺遗迹，在欧洲中世纪的大教堂，在东方的地毯和法兰德斯的织花壁毯等上面，我们所看见的美，正是奴隶们创造的……艺术的创始人是陶工、铁匠、金匠、男女织工、油漆匠、男女裁缝，一般地说，是手艺匠。"① 的确，正是这些手工艺者的辛勤劳动，才创造出了举世瞩目的物质文明。明

① 《高尔基论文学》，人民文学出版社，1978 年版，第 140—141 页。

代在建筑领域取得的辉煌成就，固然与中国古代丰富的建筑工艺理论和全国各地的物质资源有关，但更为直接的原因，则是一代又一代的能工巧匠、建筑师们的辛勤劳动和创造，是他们用自己的心血与智慧建造了富丽堂皇的紫禁城、气势雄伟的明长城、规模宏大的明十三陵、造型奇特的天坛建筑群、富有诗情画意的江南园林等一大批杰出的建筑艺术。然而，由于封建统治者对劳动人民的轻视，这些技术精湛的工匠技师们，尽管留下了一座座建筑丰碑，他们的名字却都没能留在明代史册上。据建筑史专家单士元考证，在某些文献中还可以零星地查到寥寥几位，其余已无名无姓可查。他们是：

杨青，瓦工，永乐年间在京师营造宫殿。

蒯福，木工，永乐年间营建北京宫殿。

蒯祥，木工，永乐、正统年间营建北京宫殿。

蔡信，工艺，永乐年间营造北京宫殿。

蒯义，木工，永乐年间营造宫殿。

蒯纲，木工，永乐年间营造宫殿。

陆祥，石工，宣德年间营造宫殿。

徐杲，木工，嘉靖年间营建紫禁城三大殿。①

一、杨青

杨青，松江府（今上海松江区）人，著名瓦工。据《古今图书集成》载，他曾在“永乐初以瓦工役京师”“后营建宫殿使为都工。（杨）青善心计，凡制度崇广，材用大小，悉称旨。”

二、蔡信

蔡信，江苏常州市武进区人，著名建筑师。永乐五年（1407），他奉诏到北京参与北京城的扩建和建造紫禁城，负责工程指挥和调度。据《武进县志》记载，蔡信善巧思，少习工艺，“永乐间朝廷营建北京，凡

① 参见单士元《故宫史话》，中华书局，1962年版，第5页。

天下绝艺皆征至京，悉遵信绳墨。”显然，他为举世闻名的北京城和紫禁城建筑成就作出了卓越贡献。《明实录》有他因功晋职的记载，但无具体事迹。

三、蒯祥

蒯祥，吴县（今属苏州市）人，生于明洪武年间，卒于成化年间，享年84岁，是明代最负盛名的建筑师，素有“蒯鲁班”之称。

蒯祥的父亲为明初著名的木匠。他继承父业，毕生从事宫殿、坛庙、陵墓、府第等建筑工程。初为营缮所丞，手艺高超，施工精确，表现出卓越的工程指挥才能。景泰七年（1456），因功晋升为工部左侍郎，享受一品官俸禄。成化年间（1465—1487），他仍以耄耋之年“执技供奉，上（皇帝）每以活鲁班呼之”。

《吴县志》记载：“蒯祥，吴县香山木工也，能主大营缮。永乐十五年建北京宫殿。正统中重作三殿及文武诸司。天顺末作裕陵，皆其营度。”自永乐十五年（1417）奉诏参与北京城的建设后，蒯祥先后主持多项重大的皇室工程。主要有：永乐十五年任宫缮所丞，负责建造北京紫禁城奉天殿、华盖殿、谨身殿、午门、端门、承天门及长陵；洪熙元年（1425）规划建造献陵；正统五年（1440）负责重建北京紫禁城前三殿及乾清宫、坤宁宫；正统七年（1442）修建北京衙署；景泰三年（1452）修建北京隆福寺；天顺三年（1459）修建北京紫禁城外的南内；天顺四年（1460）负责建造北京西苑（今北海、中海、南海）殿宇；天顺八年（1464）规划建造裕陵。在主持建造这一系列辉煌建筑的过程中，蒯祥这位来自民间的能工巧匠，表现了杰出的指挥才能。《光绪苏州府志》称赞他“凡殿阁楼榭，以至回廊曲宇，随手图之，无不中上（皇帝）意”。

四、贺盛瑞

贺盛瑞是明末著名的建筑经济家。万历二十年（1592）任工部屯田司主事，万历二十三年（1595）任工部营缮司郎中。他在主管皇室工程的6年期间，曾负责修建一系列重大工程，如泰陵、献陵、公主府第、西华门等，特别是修复乾清宫和坤宁宫的工程，使他的经济管理才能得到充分展示。他采取许多重大改革措施，如完善各项施工管理制度，重视经济核算，杜绝钻营肥缺，严格控制办事机构，实行“论功不论匠”的计酬原则，实行明确的赏罚制度等，使两宫工程节约白银 92 万两，占全部造价的 57.5%①。这在明代建筑管理中是极为罕见的成绩。

五、张南阳

张南阳（约 1517—1596），字山人，号小溪子，又号卧石生，上海人。他出生于画家家庭，从小随父习画，奠定了日后从事造园活动深厚的艺术基础。他曾设计并参与建造诸多江南名园，如上海潘允端的豫园、陈所蕴的日涉园、太仓王世贞的弇山园等。

张南阳在园林建筑方面颇具创新意识，尤其善于以绘画手法叠假山，胸有成山，随地赋形。他的叠山风格独具特色，或以大量黄石堆叠，或以少许山石散置，所叠之山，变化莫测，颇似神工天造。其代表作豫园黄石大假山，为现存明代江南最大的假山。这座假山与园内主体建筑乐寿堂隔池相望，山势雄伟，峰峦起伏，山间磴道盘曲，泉流入峡，人临其境，如同置身于天然山水之间。

日涉园以叠石而著称。园主陈所蕴因雅好泉石，收集太湖石、英德石，武康石数以万计，请张南阳负责规划，用 12 年时间建造此园。陈所蕴对张南阳的造园技艺十分推崇，在《竹素堂集》卷十七记载：“予家不过寻丈，所裒（póu，聚）石不能万之一。山人一为点缀，遂成奇观。诸峰峦岩洞，岭巘（yǎn，山峰）溪谷，陂坂梯蹬，具体而微。”

弇山园是明末文坛领袖王世贞在江苏太仓所造私园。王世贞晚年偏好释道，根据《山海经》中神仙栖息之所为弇州山的记载，自号弇州山人，题私园为弇州园，亦名弇山园，并自撰《弇山园记》8 篇。园中景区分为东弇、中弇和西弇，其中中弇和西弇由张南阳负责建造。西弇群石耸立，甚为雄怪，为狮、为虬、为眠牛、为踯躅羊者，不可胜数。在

---

① 参见孙大章《中国古代建筑史话》，中国建筑工业出版社，1987 年版，第 113—114 页。

豫园假山

日涉园一角

日涉园位于江苏泰州海陵南路，建于明万历年间，为明朝万历年间陈所蕴修建的私人住宅园林，是苏北地区现存最早的古典园林。其名源于陶渊明《归去来辞》中“园日涉以成趣”之语意。

山上建有缥缈楼。此楼为三弇最高处，可饱览全园胜景。中弇有藏经阁、壶公楼、梵音阁等建筑，尤以叠石奇巧、变化多端而为人称道。王世贞曾评价：“大抵中弇以石胜，而东弇以目境胜。东弇之石，不能当中弇十二，而目境乃蓰之。中弇尽人巧，而东弇时见天趣。人巧皆中棂，而天趣多外拓。”[1] 可见张南阳造园技艺之高超。

第二节
建筑著作

>>>

公元前1世纪，古罗马建筑师维特鲁威总结古希腊和古罗马的建筑实践，撰写了著名的《建筑十书》，为西方建筑的发展奠定科学的基础。在此之前，春秋战国时齐人编撰了中国古代第一部建筑专著《考工记》，书中的《匠人》篇记载了都城的规划及宫室、明堂、宗庙、道路、沟洫等工程的有关制度，使后人粗略得知当时的一些建筑技术制度。然而，总体上说，中国古代建筑著作远远落后于丰富的建筑实践，除仅存的几本犹如凤毛麟角的建筑书籍，如《考工记》及北宋李诫的《营造法式》外，许多建筑典籍尚需在浩如烟海的古籍中去发掘。明代在近300年的历史中，没有留下一部建筑方面的官书，与灿烂辉煌的建筑艺术成就极不相应。万历年间（1573—1619），在木工、匠师中流传的《鲁班经》，只是一本简要的房屋建筑技术手册。崇祯年间（1628—1644），造园家计成著《园冶》一书，对明代的园林建筑和造园艺术从理论上进行总结，并系统阐述了他的园林美学思想和造园主张，对后世影响深远。

---

① 转引自任常泰、孟亚男《中国园林史》，北京燕山出版社，1993年版，第214页。

一、《鲁班经》

在中国古代，虽然封建统治者生前死后享受着豪华奢侈的宫殿、府第、园林、陵墓等各类建筑，但对建筑的技艺却缺乏系统、科学的研究。这门技艺主要靠工匠师徒间口传心授才得以流传,《鲁班经》正是这样一部民间匠师自编的秘本。

《鲁班经》成书于万历年间，午荣编，原名《工师雕斵正式鲁班木经匠家镜》，又称《鲁班经匠家镜》。全书包括文三卷，图一卷，主要介绍行帮的规矩、制度及仪式，建造房屋的工序，选择施工吉日的方法，鲁班真尺的运用，并记录常用建筑的构架形式、名称及布局形式，如江浙住宅各部分比例尺寸的设计方法、天花的结构等。此外，书中还介绍各种日用家具、农具的基本尺寸和式样，很有实用价值。尽管此书对建筑技术的介绍比较笼统，但从中却可窥见明代民间匠师的业务职责和范围，民间建筑的施工工序及建筑的形式和做法。

《鲁班经》对各地的民间建筑，特别是南方各省的民间建筑，产生深远的影响。直到 20 世纪初，此书仍以各种形式被增改刊印，而书中介绍的鲁班真尺的运用方法，至今仍在民间工匠中流行。

二、《园冶》

明代以前，中国古典园林虽然具有悠久的历史，然而，造园始终被当作工艺技巧，文人们可以面对园林欣赏吟唱，描述铺陈，却极少有人亲自参与造园活动。因此，中国古代造园理论相当贫乏，除了散见于笔记或野史中的某些片断议论外，几乎没有系统的园林理论著作。显然，这与蓬勃发展的造园活动形成明显的反差。明中叶以后，随着浪漫主义洪流的兴起，寻求清雅幽致、寄情山水的居住环境成为社会的时尚，促使江南私家园林迅速发展。一些文人开始留心造园技艺，甚至直接参与园林设计，从而产生计成的《园冶》，文震亨的《长物志》等园林艺术论著。

计成（1582—？），字无否（pǐ），号否道人，吴江（今属江苏）人。少年时，受过较为严格的山水画训练，宗承五代画家关仝、荆浩。青年时，喜好游历名山大川，到过燕（今河北一带）、楚（今湖北一带）等地。中年后回到江南，定居镇江，为私家造园。其成名作是天启三至四年（1623—1624）为常州吴玄建造的一处面积仅为5亩的宅园。此后，相继在銮江（今江苏仪征市）为汪士衡建寤园，在南京为阮大铖建石巢园，在扬州为郑元勋改建影园，名播大江南北。晚年，他根据自己丰富的造园经验，写成《园冶》一书。此书于崇祯四年（1631）成稿，初名《园牧》，因无资刊印，求助阮大铖代刻，于崇祯七年（1634）刊行。

《园冶》全书共3卷，附图235幅。第一卷的卷首以“兴造论”和“园说”两篇文字为全书概论，总论造园艺术的一般原则；园说下分相地、立基、屋宇、装折等4篇，分别从选址、绘图、室内装修等方面，讨论各种具体的造园艺术手法。第二卷为栏杆，除论述制造栏杆的一般标准外，还列出数十种栏杆图样。第三卷先阐述门窗、墙垣、铺地、掇山、选石等造园技艺，最后探讨“借景”理论，总结全书。

《园冶》对造园艺术的最大贡献是提出了“因借”理论。计成认为：“园林巧于‘因’‘借’，精在‘体’‘宜’。”① 这就是说，园林兴建要因地制宜，灵活布置，巧妙利用自然环境，创造诗情画意的园林意境。何为“因借体宜”？他进一步解释：“‘因’者，随基势之高下，体形之端正，碍木删桠，泉流石注，互相借资，宜亭斯亭，宜榭斯榭，不妨偏径，顿置婉转，斯谓‘精而合宜’者也。‘借’者，园虽别内外，得景则无拘远近，晴峦耸秀，绀宇凌空，极目所至，俗则屏之，嘉则收之，不分町畽，尽为烟景，斯所谓‘巧而得体’者也。”② 在计成看来，“因”即因地设景，造园家要善于因地、因时、因材、因物，通过精当适宜地选址设景、规划建筑，创造园林美；“借”即借景，造园家要善于因势利导，巧妙借用周围景色，使有限地域内的建筑创造无限的审美空间，这是创造园林美的特殊手法。

在全书最后，计成专门阐述“借景”理论。计成认为：“夫借景，

---

① 《园冶注释》，中国建筑工业出版社，1988年版，第47页。

② 同上书，第47—48页。

林园之最要者也。”① 当然，在中国古典园林中借景早有应用，但计成却将借景从园林实践上升到园林理论的高度来阐述，并提出远借、邻借、仰借、俯借、应时而借等各种不同的借景手法。所谓远借，即“高原极望，远岫环屏，堂开淑气侵人，门引春流到泽”；邻借，即“南轩寄傲，北牖虚阴，半窗碧隐蕉桐，环堵翠延萝薜”；仰借，即“眺远高台，搔首青天那可问；凭虚敞阁，举杯明月自相邀”；俯借，即“俯流玩月，坐石品泉”；应时而借，即“苎衣不耐凉新，池荷香绾；梧叶忽惊秋落，虫草鸣幽。”正是通过各种借景手法，才创造出“虽由人作，宛自天开”的园林环境，从而扩大园林的审美空间。

《园冶》以大量篇幅阐述园林建筑，如立基、屋宇、装折、门窗、墙垣、铺地等篇，不仅论述园林建筑的技术作法，而且绘制许多图样，并提出具体要求。计成认为，园林建筑的目的，应当给人“兴适清偏，贻情丘壑，顿开尘外想，拟入画中行”的美感享受。因此，在园林的整体布局上，园林建筑要同自然景观巧妙地融为一体，“轩楹高爽，窗户虚邻，纳千顷之汪洋，收四时之烂漫。”园林中的亭、台、楼、阁、厅、堂、斋、榭、廊、桥等各类建筑，都是为满足人的“游”“居”需要而建，使人通过“仰观”“俯察”“远望”，从有限的建筑景观感受到无限的审美空间。例如假山之巅，曲水深处，常设置亭榭斋轩等轻巧秀丽的小型建筑，即是出于观赏的需要；而作为起居活动的厅堂，其体量造型也要从在园林景观的审美作用中来设计。为此，“立基”篇从园林的总林布局方面，具体阐述厅堂、楼阁、门楼、书房、亭榭、廊房等类建筑的平面要求、适宜位置及因地制宜的处置方法；“屋宇”篇论述园林建筑与一般居住建筑的差异，并就园林建筑如何与园景配合及推陈出新等问题，提出具体意见；“装折”篇讨论园林建筑的装修问题，并提出“如端方中须寻曲折，到曲折处还定端方，相间得宜，错综为妙”② 的装修艺术理论。

《园冶》是我国最早的一部园林艺术理论专著，有重要的美学价值。

---

①《园冶注释》，第 247 页。

② 同上书，第 110 页。

它对后世造园家影响颇深，清初李渔的园林美学直接受其影响。该书传入日本后，日本学者尊为世界最古造园学名著。

三、《长物志》

《长物志》是明代书画家文震亨撰写的一部阐述造园艺术的论著。文震亨（1585—1645），字启美，长洲（今属苏州市）人，著名书画家文徵明的曾孙。天启年间（1621—1627），他以恩贡出仕。据《吴县志》记载，他曾在苏州高师巷建私园香草垞，主要建筑婵娟堂、笼鹅阁、绣铗堂、斜月廊、啸台等造型独特，奇石、方池、曲沼等景观清新幽雅，具有浓郁的诗情画意。

《长物志》成书于崇祯七年（1634），命名出自《世说新语》中王恭的故事，有身外余物之意。全书共 12 卷，其中室庐、花木、水石、禽鱼、位置、蔬果诸卷与造园理论、建筑技艺的关系密切。例如“室庐”卷提出“居山水间者为上”的观点，主张创造一个门庭雅洁、室庐清静、亭台具旷，斋阁幽雅的园林环境。他对山斋的空间要求是：“宜明净，不可太敞。……或傍檐置窗槛，或由廊以入，俱随地所宜。中庭亦须稍广，可种花木、列盆景。夏日去北扉，前后洞空。庭际沃以饭沈，雨渍苔生，绿褥可爱。绕砌可种翠芸草令遍，茂则青葱欲浮。前垣宜矮，有取薜荔根瘗墙下，洒鱼腥水于墙上引蔓者，虽有幽致，然不如粉壁为佳。”① 在《楼阁》《台》等节中，提出园林建筑的诸“忌”，即“楼前忌有露台卷篷；筑台忌六角；前后堂相承忌‘工’字体；（庭院）忌长而狭，忌矮而宽；亭忌上锐下狭，忌小六角，忌用葫芦顶，忌以茆盖，忌如钟鼓及城楼式。忌为卍字窗傍填板。忌墙角画各色花鸟。凡入门处必小委曲，忌太直……”② 在“水石”卷提出园林水石景不可无，并对广池、小池、瀑布的设计，山石的选用，水石结合的原则等，作出精当的论述。在“位置”卷阐述堂、榭等园林建筑及室内器具陈设的位置与方向，认为“堂榭房屋，各有所宜，图书、鼎彝，安设得所，方如图

① 《长物志》卷一，《山斋》，第 3 页。
② 同上书，第 4—5 页。

画。”“亭榭不蔽风雨，故不可用佳器。俗者不可耐，须得旧漆、方面，粗足，古朴自然者置之。”显然，他不仅注意到园林建筑应选取适当位置和方向，要同周围环境协调一致，而且强调建筑物外观的古朴自然和色彩的和谐。这些观点，确为明代造园艺术的理论总结。

后 记

这套丛书，历时八年，终于成稿。回首这八年的历程，多少感慨，尽在不言中。回想本书编撰的初衷，我觉得有以下几点意见需作一些说明。

首先，艺术需要文化的涵养与培育，或者说，没有文化之根，难立艺术之业。凡一件艺术品，是需要独特的乃至深厚的文化内涵的。故宫如此，金字塔如此，科隆大教堂如此，现代的摩天大楼更是如此。当然也需要技艺与专业素养，但充其量技艺与专业素养只能决定这个作品的风格与类型，唯其文化含量才能决定其品位与能级。

毕竟没有艺术的文化是不成熟的、不完整的文化，而没有文化的艺术，也是没有底蕴与震撼力的艺术，如果它还可以称之为艺术的话。

其次，艺术的发展需要开放的胸襟。开放则活，封闭则死。开放的心态绝非自卑自贱，但也不能妄自尊大、坐井观天：妄自尊大，等于愚昧，其后果只是自欺欺人；坐井观天，能看到几尺天，纵然你坐的可能是天下独一无二的老井，那也不过是口井罢了。所以，做绘画的，不但要知道张大千，还要知道毕加索；做建筑的，不但要知道赵州桥，还要知道埃菲尔铁塔；做戏剧的，不但要知道梅兰芳，还要知道布莱希特。我在某个地方说过，现在的中国学人，准备自己的学问，一要有中国味，追求原创性；二要补理性思维的课；三要懂得后现代。这三条做得好时，始可以称之为21世纪的中国学人。

其三，更重要的是创造。伟大的文化正如伟大的艺术，没有创造，将一事无成。中国传统文化固然伟大，但那光荣是属于先人的。

21世纪的中国正处在巨大的历史转变时期。21世纪的中国正面临着史无前例的历史性转变，在这个大趋势下，举凡民族精神、民族传统、民族风格，乃至国民性、国民素质，艺术品性与发展方向都将发生巨大的历史性嬗变。一句话，不但中国艺术将重塑，而且中国传统都将凤凰涅槃。

站在这样的历史关头，我希望，这一套凝聚着撰写者、策划者、编辑者与出版者无数心血的丛书，能够成为关心中国文化与艺术的中外朋友们的一份礼物。我们奉献这礼物的初衷，不仅在于回首既往，尤其在于企盼未来。

希望有更多的尝试者、欣赏者、评论者与创造者也能成为未来中国艺术的史中人。

史仲文